千古霓裳

汉服穿着之美

汉服北京 编著

化学工业出版社
·北京·

编委会成员（按姓氏笔画顺序排列）：

于珣、王炳垚、齐焉、关珺、许刚玉、苏芳、苏美瑄、张菁、凌波微步、阑汐

特别指导（排名不分先后）：

无劫缘（晋制）、李晓璇（隋与唐制）

图书在版编目（CIP）数据

千古霓裳：汉服穿着之美/汉服北京编著．—北京：化学工业出版社，2021.10（2024.9重印）

ISBN 978-7-122-39826-0

Ⅰ.①千…　Ⅱ.①汉…　Ⅲ.①汉族-民族服饰-中国　Ⅳ.①TS941.742.811

中国版本图书馆CIP数据核字（2021）第176636号

责任编辑：徐华颖　宋晓棠　　**装帧设计**：尹琳琳　黄菲菲

责任校对：张雨彤

出版发行：化学工业出版社（北京市东城区青年湖南街13号　邮政编码100011）

印　　装：北京瑞禾彩色印刷有限公司

889mm×1194mm　1/16　印张 $12^{1}/_{2}$　2024年9月北京第1版第3次印刷

购书咨询：010-64518888　　**售后服务**：010-64518899

网　　址：http://www.cip.com.cn

凡购买本书，如有缺损质量问题，本社销售中心负责调换。

定　　价：98.00元

专家推荐序

汉服运动风起云涌，以不可阻挡之势迅速发展壮大，从民间的“同袍”到全社会，从草根到殿堂，从无序到正名，是社会、经济、文化发展的必然，是伟大的民族复兴和提升中华民族自信的文化现象。

让汉服活在当下，是一代人的觉醒、觉悟和身体力行。经过十八年的风风雨雨，汉服复兴运动走到今天，已经不再是个别人的行为，而今“穿汉服”已经蔚然成风，遍布全国的汉服文化推展活动如雨后春笋，屡登大雅之堂，频繁见诸主流媒体。

新形势下的汉服发展，所面临的不再是生存的压力，而是迅猛发展给每一位服装人所带来的压力，需要大家争分夺秒地学习，只争朝夕地提升。

《千古霓裳——汉服穿着之美》的出版正逢其时。

汉服的生活化和时尚化是汉服发展的必然趋势，在今后的发展过程中，我们祖先所经历、创造并千锤百炼的主流形式和艺术传统是我们的基础依据，是我们保持和发扬民族文化和进一步提升全体华夏儿女民族自信的保障。我们赞赏《千古霓裳——汉服穿着之美》作者团队的辛勤工作，这些年轻人坚忍不拔的坚持和孜孜以求的探索，为汉服行业从业者和广大汉服爱好者提供了重要的学习和参考读本。本书系统地挖掘、整理和总结了自周代以来纵贯三千年的汉服服制和发展变化。为此，本书的作者所花费的时间、精力可想而知。我为他们勤奋努力、力求准确以及严谨治学的作风点赞。感谢你们的辛苦努力，感谢你们的奉献付出。

每一个生活在当下的现代人，心中都有一个历史的、民族的情结，其表现形式会时而潜隐，时而张扬。因此，这类本源文化及民族元素始终存在于各个领域。在我们所从事和关注的时装领域的核心研究机构所发布的时尚流行趋势的报告中，本源文化和民族元素是永恒不变的主题之一。

因为，奋力拼搏的现代人都需要时时回顾，回忆，寻找自我，寻找规律，勇往直前。那是我们所固有的民族基因。不断地强化这一记忆，我们会走得更加自信。

蒋金锐

北京服装学院教授

2021 年 9 月 16 日

编辑推荐序

未能见华夏衣袂翩跹，不曾览九州玉钿生辉，只在诸多的文史资料里见往昔恢宏与浪漫，不能说不是遗憾。

作为服饰艺术文化的爱好者，也许是源自血脉里自然的亲近，汉文化艺术给了我们更多的艺术感动与艺术灵感，汉服更是令人着迷的存在。汉民族服饰，在历史的磋磨中，在人们的生活中消失了很久，消失到好多人以为我们本来就是穿“牛仔裤”的，当然“牛仔裤”没有做错什么，只是我们对于自己的民族文化陌生了。

但是最近的几年，我们的汉族服装似乎是忽然间，又充满活力地出现在了大家的视野里，且所见几乎都是年轻的面孔，这实在是让人惊喜。几经辗转，偶然的机会，让我们幸运地遇到了汉服北京的朋友们，了解到了原来是在我们不知道的地方，这么多年轻的朋友们，为汉服着迷，为汉服重新回归大众视野坚定地努力了十几年的时间，才有了今天活跃的汉服文化圈，他们可爱地称之为“为爱发电”，我们当时就觉得这个词形象可爱得紧。人们能为自己喜爱的东西发光发热是极为可贵的，坚持不懈地钻研发展就是一件更难的事情，得到结果则是得有几分运气的。汉服有这么多人喜爱，也是它的幸运。

认真阅读这本书，书中以现在的视角，观看历史的服饰，专注于时代变化中服饰的特点与实用场景的描述，让我们能够从穿着搭配的角度体会汉服在不同时代中的艺术审美变化。聚焦时代，着重款式，专注考证，言简意赅，让初窥门径者可以有一个相对系统的了解。精美的服饰还原制作不同于一般的文史资料，让我们也又一次被汉服的美深深吸引，也寥寥慰藉了没有见到那曾经美丽浪漫时代的遗憾吧。

现在的“汉”服饰发展，已经有了一个不小的规模，在这本书中，我们能看到汉服的曾经如此美好，也看到了汉服的未来汲汲可期。一本书是一个时期的总结，也是下一个发展的起点，相信在这样一群认真、朝气、坚持的大朋友与小朋友的共同努力下，汉服或者说汉服饰将会迎来更美好的明天。

也许九州不会再完全地长衣曳地，罗裙飞舞，也不需要完全。但汉服的美，必然会成为日常审美的一种元素，深入生活，温润岁月，惊喜每个潋滟的时光。

所谓风华，不过路过人间岁月，不小心被无数人定格，一帧一帧留在了岁月里。

前言

2001年在上海召开的APEC会议上，穿着唐装的领导人让世人眼前一亮。实际上，当时的唐装并非唐代服饰，而是根据满族马褂改良的中国风时装，这引发了民间关于民族服饰的讨论。人们发现，汉族一直以来竟然没有自己的民族服装，在56个民族合影中，总是与众不同地穿着T恤衫等"洋服"。于是，一些网友萌发了找回汉族服装的愿望，并希望能与旗袍、唐装一道，在国际舞台上展现传统中国的华服之美。这些热烈的讨论，如同一捧水，让汉服这颗沉睡了350余年的种子，开始苏醒了。

2003年11月22日，天气虽凉，汉服的种子却"啵"地一声破土而出了。郑州街头，出现了一位穿着"怪异"的青年——王乐天穿着仿照电视剧《大汉天子》中古装所制的汉服，意气风发地在街头漫步，完成了汉服复兴的"第一步"。那时候的汉服同袍（"同袍"取自《诗经·秦风·无衣》中"岂曰无衣，与子同袍"，是早期汉服复兴者之间惺惺相惜的称呼，现泛指穿汉服的人）很难想象，仅仅在十余年后的今天，汉服不仅从历史尘埃中重生，还成为了年轻人身上的潮流款式。

在过去的十余年中，无数同袍在汉服复兴中为自己找到了合适的位置，那些热衷考据的同袍，啃着晦涩的文献，将祖先留下的服饰梳理成现代人看得懂的剪裁、纹饰。在早年，很多汉服商家的第一角色都是汉服同袍，甚至是汉服活动核心成员，常常为社团无偿提供大量汉服供活动使用。他们一方面顶着汉服创业市场不明朗的风险，一方面承受着网上“商家赚钱牟利”的讽刺，用一片赤诚为爱发力，为现在繁荣的汉服市场构筑了雏形。海量的同袍尽其所能，将汉服穿到各种场合，不断在人们的视线中刷着汉服的存在感；汉服社团的同袍们，牺牲大量业余时间，不计薪酬，将对汉服的希冀凝聚成一股绳，托着汉服走向更高的平台。每个人尽着微薄之力，为汉服这棵小苗培土，如今它终于长成大树，并结出可喜的果实。

在这十余年中，人们对汉服的认知不断被刷新。站不住脚的款式去掉了，从文献中发现的新款式进来了。即使是同一款式，在过去与如今可能也有不同的名字，过去的爆款成了冷门，过去的小众如今成了“网红”。这让许多初入门“萌新”眼花缭乱，那些标着“汉服”的网红款式到底是不是汉服？我明明买的“男装”，怎么被同袍取笑是“女装大佬”？

而汉服的日新月异甚至让“老同袍”也犯了难，那些叫了多少年的款式，怎么忽然不是这个名字了？

无论是“萌新”还是“老同袍”，只有不断地去学习，才能跟上汉服潮流的脚步。而在哪里才能系统认知呢？

这场源于网络的复兴潮流，知识往往也是碎片化的，需要有心人不断梳理、总结。这本《千古霓裳——汉服穿着之美》的出版，可以说便是当下汉服复兴成果的总结，适合对汉服有兴趣的朋友作为入门读物，去了解当下汉服较为受欢迎的款式——至少，照书里的款式买和穿搭，不会贻笑大方。

开篇时，作者没有一上来便历数历史时间线下的各种汉服，而是梳理汉服基础知识，这很有必要。虽然在历史长河中，有风格迥异的各种款式，但一些结构特征仍然有着相对可寻的规律。这也使得我们的民族服饰区别于汉文化圈内其他民族服饰。而当下汉服火爆，不少服装业人士看准商机入场，或简单将一些过去的“影楼装”“舞台服”标上汉服便开架售卖，使得很多不了解汉服的人被误导购买，看似款式没问题，而入手穿到身上，却不太对劲儿。或是局促的袖根，让整个人显得小气；或是奇怪的领口，让整个人看起来不够挺拔；或是合手后尴尬的八字袖，让人没了穿汉服时潇洒的气质。而只有让大家真正了解一些汉服基础规范，了解汉服基本的特征，入手汉服才不易“交学费”。

而之后的章节中，作者按大的历史脉络分成周制、晋制、隋与唐制、宋制、明制五大系列，对类似或有传承风格的服饰加以归纳，综合叙述各时间段内服饰变化规律，总结变化由来。配合裁剪图和同袍根据文献制作的汉服款式，进行装束造型穿着展示。并用情景剧方式，传递汉服气韵。这样层层递进的关系，让读者在浅显易懂的氛围中了解，哦，原来汉服如今蜕变成这样了，参考这个款式买汉服应该不会出错，原来穿汉服还可以这样拍照。

值得强调的是，这是一本关于当代语境下汉服穿搭的书，而非“参考古人的穿衣法”的书籍。在很多传统文化领域，传承者往往以遵守“古制”为尊，这使得文化和现代生活格格不入，渐渐没落；另一些领域，部分国内设计者把他国的文化拿来，加上一点中国元素，便自豪声称自己弘扬中国文化。这两个极端往往并不能获得大众的认可，甚至会遭到口诛笔伐。

而在汉服复兴领域，本书作者从汉服同袍的思维出发，向人们展示了当代人在穿汉服时候的状态。它不是拘泥在古代思维中的古装服饰秀。当代的年轻人，尊重并传承着祖先留下的传统文化，并在此基础上，合理加入现代思维，在细节、纹样、穿搭、配饰上进行创新，让古老的文化年轻起来。也让观望的人们发现，原来穿汉服，没有那么多条条框框，穿起来是件轻松愉悦的事情。

应该说，当代的汉服，是将传统文化与当代生活巧妙融合，创造新时代背景下中国文化相当成功的典范。

我衷心希望，这本书的出版能够帮到初识汉服的朋友，遇见心仪的汉服，了解汉服背后的文化。也希望在过去近二十年时光中，参与过这场民间服饰运动的同袍打开书本，看见在一辈辈同袍的努力下，如今的汉服终于有了新的面貌。

吴佳娴

汉服北京创始人之一

2006年开始穿汉服，一直致力于汉服推广，

但面对汉服的不断迭代，仍然觉得自己是个萌新。

目录

第一章

汉服基础知识 · 华夏衣袂舞翩跹

一-三

汉服基础知识·华夏衣袂舞翩跹

汉服，顾名思义，是汉民族的传统服饰。追溯汉服的历史，可以从黄帝垂衣裳而治天下开始，止于剃发易服。在中华文化绵延发展的脚步中，汉族服饰文化作为文明与礼仪的代表，形成了一个庞大驳杂而又绚丽多彩的文化体系，它所代表的汉文化礼仪以及汉文化审美，深深地影响着整个华夏民族，以及周边的国家与地区。

汉服的发展，可谓几经兴衰。曾经服章之美，华之所谓；也经明珠蒙尘，无人问津；如今深受年轻人的青睐，重归锦绣。跌宕起伏之间，既是历史的沉浮，也是文化的不衰。汉服的兴起，何尝不是我们文化自信的一步。

汉服按照服饰发展以及服制传承的角度，可分为周制、晋制、隋与唐制、宋制、明制五大系列。各个系列中，不同朝代、不同地域、不同阶层，在着装上都会有所差异，因为本书并非完全的研究古人服饰之法的图书，因此就不做完全的举例描述。本书中主要介绍不同服制与相关朝代中，汉服在正式场合中的常用礼服和较为典型的便服，为大家就现代语境下，在不同场合穿着不同制式的各朝代服饰应该如何穿搭，提供基础指导。

在中华文化艺术的版图中，汉服必不可少。而汉服的艺术，也正在以崭新的姿态，绽放属于她的风采。了解汉服，认识汉服，重新穿上它，发展它，相信它会被越来越多的人喜爱，也拥有更美好的未来。下面让我们来展开汉服的书卷，领略一下千古霓裳之美吧！

（一）汉服形制及分类

形制指物体的形状和构造。在汉服体系里，形制大致就是指汉服的款式，用以描摹衣服大体的形状，是对一套汉服的基础描述之一。现在常用的衣裳制、深衣制等，便是用来描述上下衣服分开、上下衣服连在一起等形状的词语，使人便于对服饰有大概的认知。

由于服饰的发展与当时的经济、政治、外交、朝代变更等因素密切相关，时兴的服饰也往往随之形成一定的特色，并且随之变迁。有时大家也会把某种特定而明确的特色用朝代来简称，比如周制、宋制，等等。值得注意的是，并不是每个朝代之间都会有明确的服饰区分，服饰的变更有其本身的规律，用朝代来代指，只是一种简便的笼统称呼。

二 常见汉服款式

汉服从层次来讲，分为内衣、中衣和外衣，有时也称小衣、中衣和大衣。从形式上来讲，则可分为上衣和下衣。

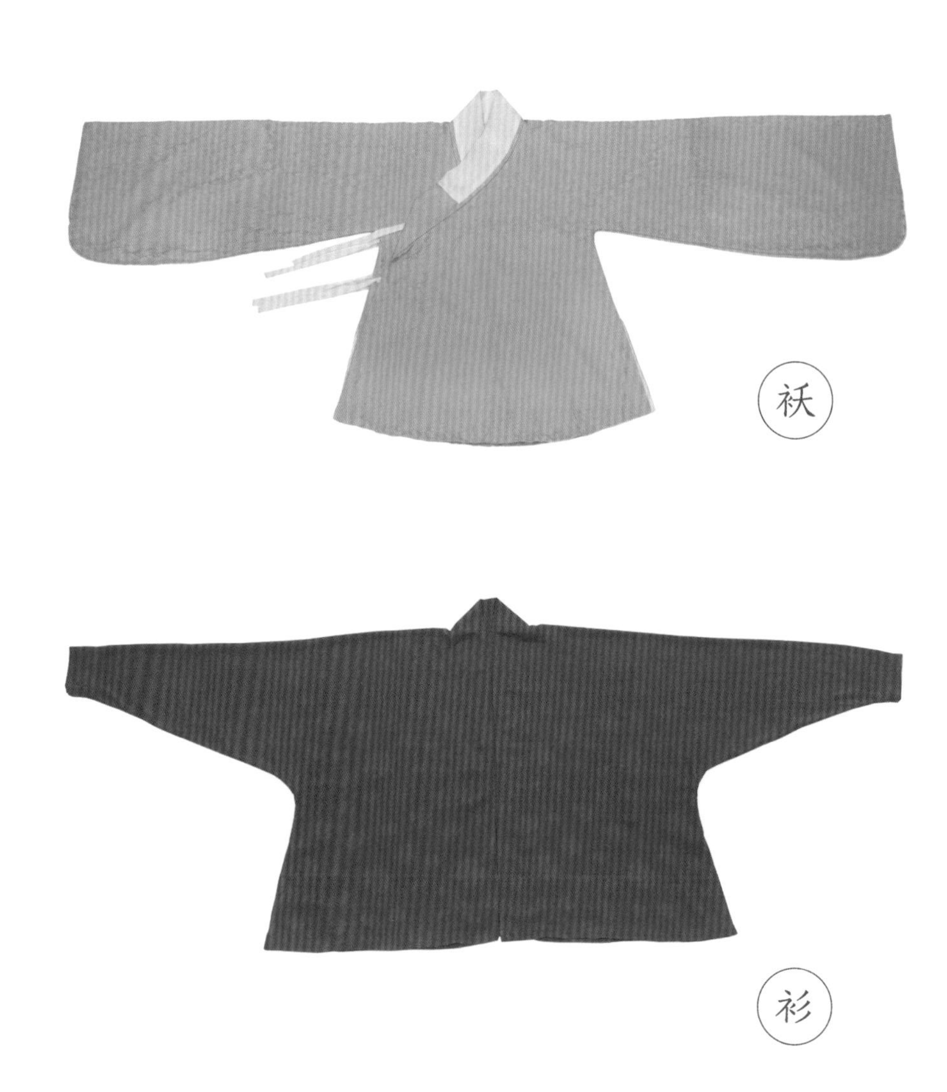

汉服上衣有袄、衫、襦和袍等。

衫为单层，袄为双层。

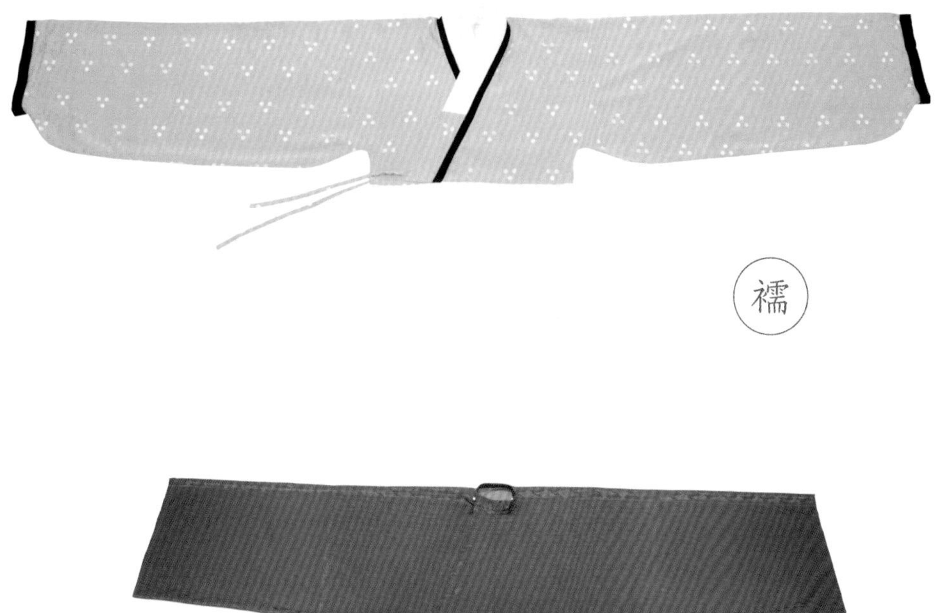

襦

袍

现在通常认为襦是有襕的上衣。

袍长度较长，通常过膝，使用的场合也很广泛。

裤 - 袴

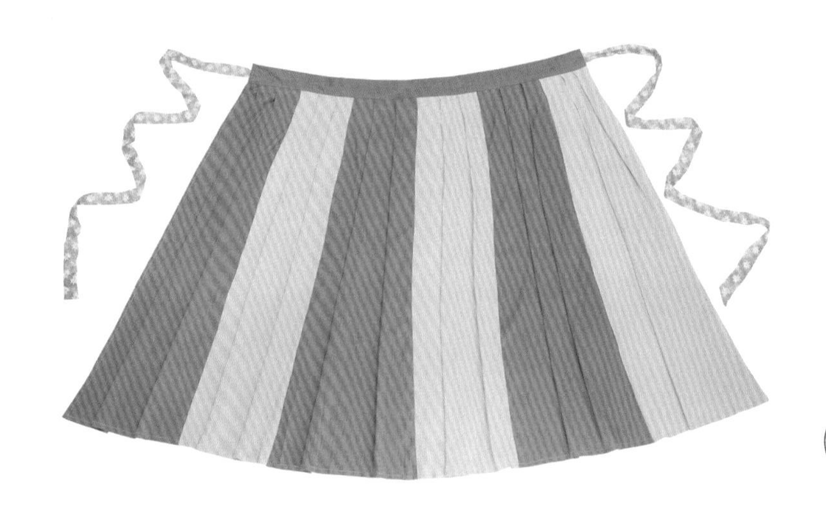

裙

汉服下衣有裤与裙等。

裤有开裆与合裆两种，开裆为袴，合裆为裈。

裙是由一片或者数片布料拼接而成，围绕在腰上，通常穿在裤外面。

㊂ 汉服剪裁及缝制

通常认为汉服剪裁为平面剪裁，一般来说，就是通过获得平面结构的方式，转化为最终的成品。这与部分西式服装会采用的直接在人台上成型制作的立体剪裁的方式是不同的。平面剪裁与汉服的制作及文化有极好的相容性，所以沿用至今。

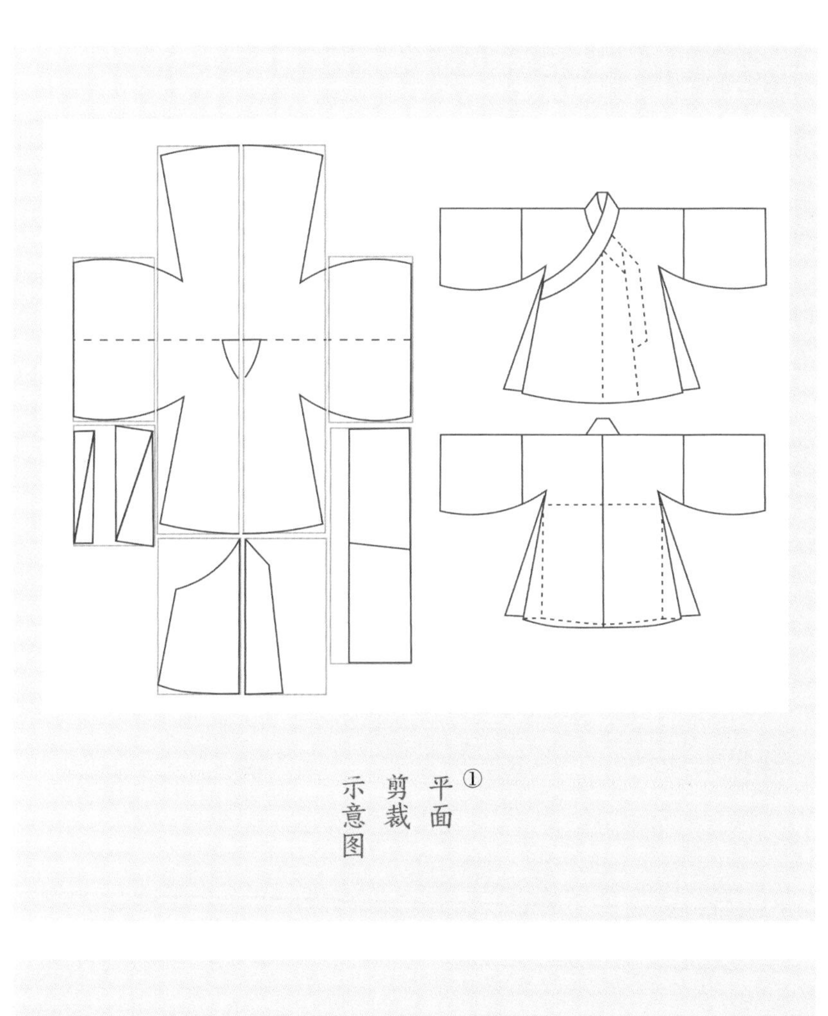

①平面剪裁示意图

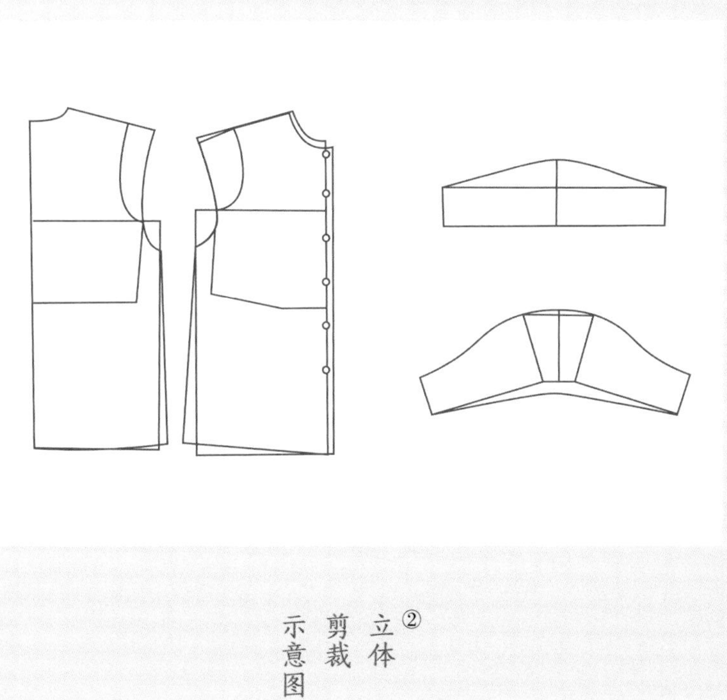

②立体剪裁示意图

①② 图片由釉里绘制提供。

1. 领型

大襟 | 对襟 | 圆领 | 直领 | 方领 | 竖领 | 曲领

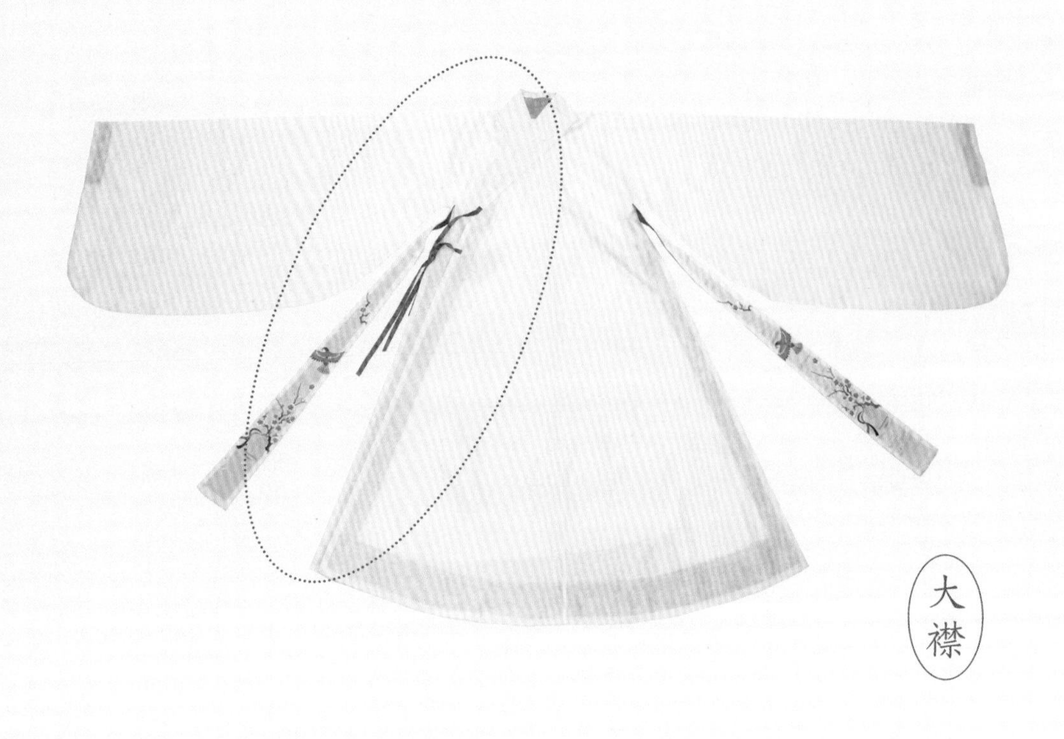

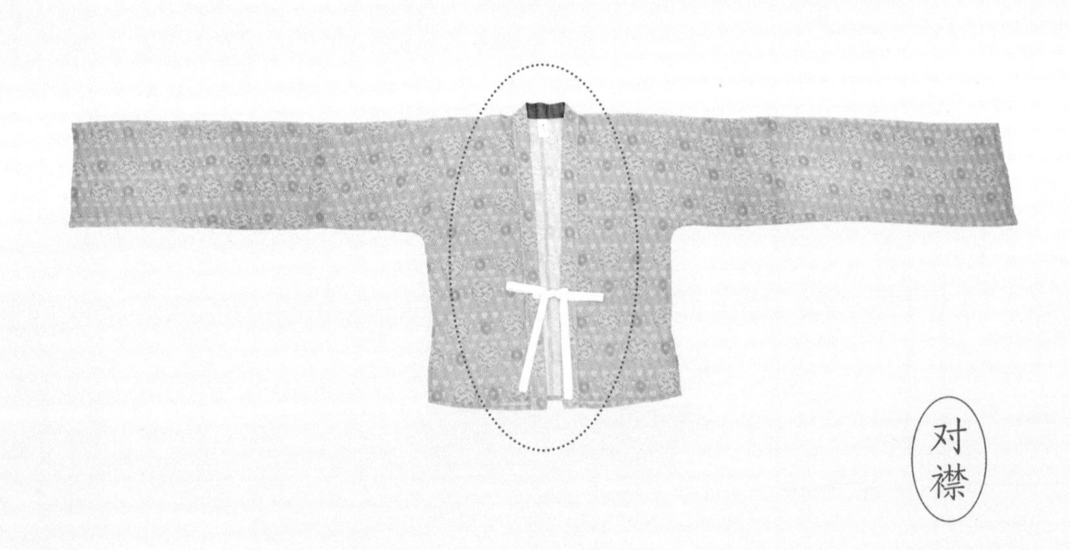

常见领型有圆领、直领、方领、竖领、曲领等。

与襟相连时，又有大襟和对襟之分。

对襟就是两襟平分，大襟则是左襟压着右襟。

其中直领大襟就是常说的交领右衽。

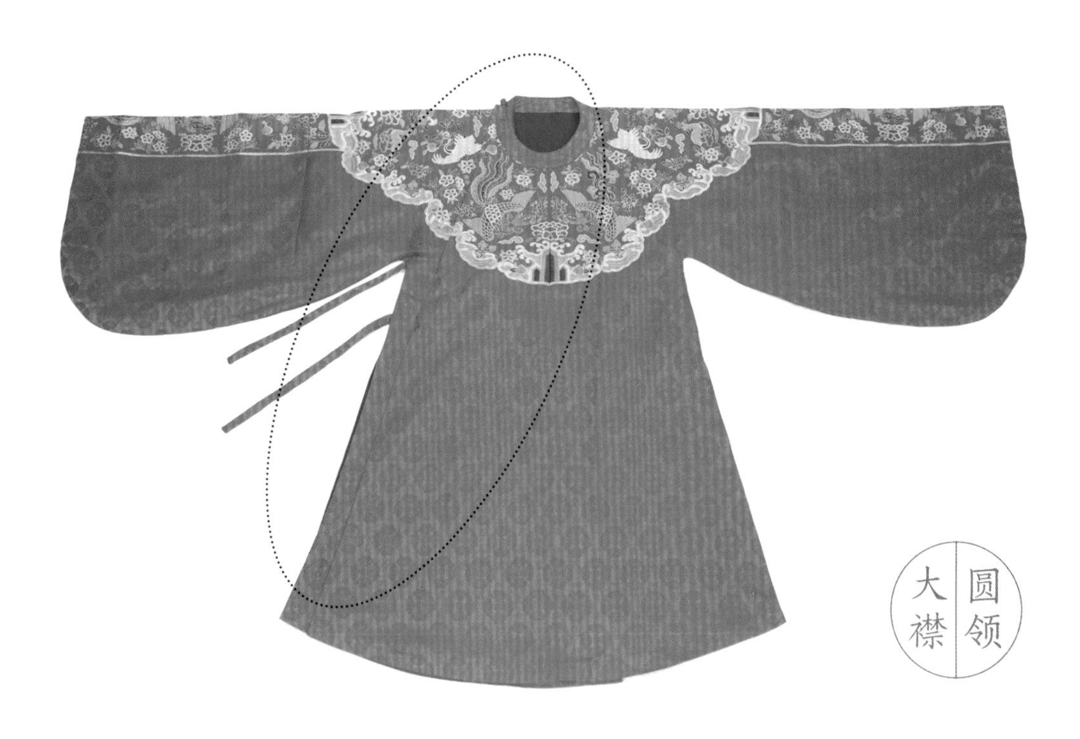

圆领大襟

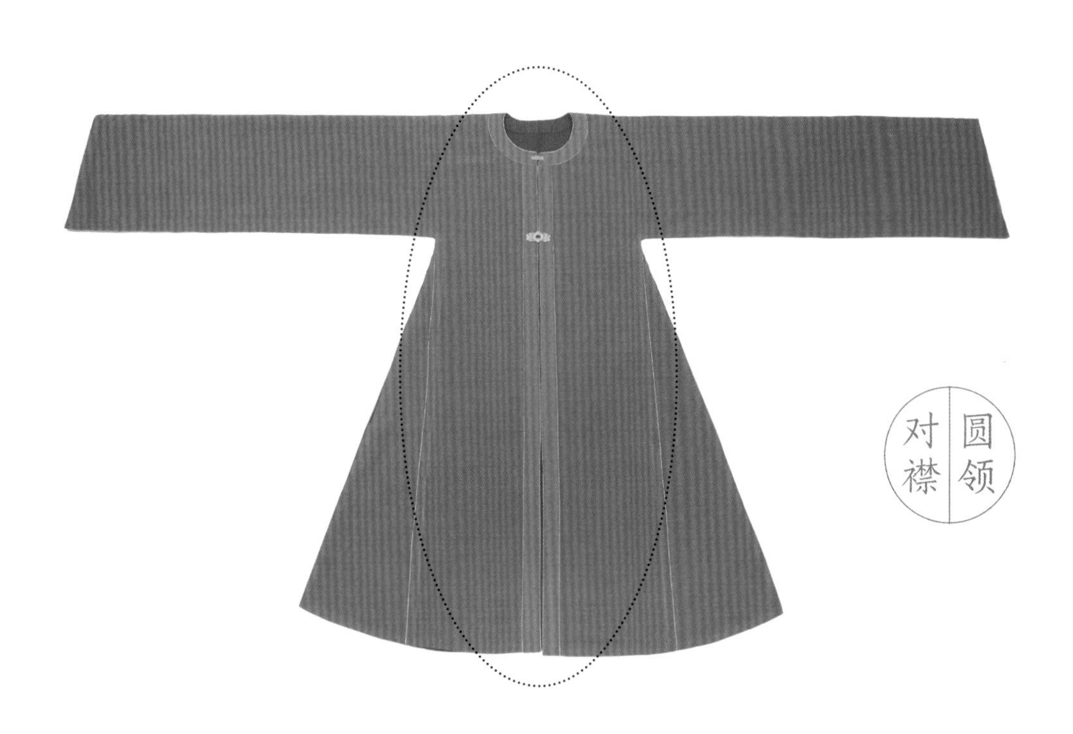

圆领对襟

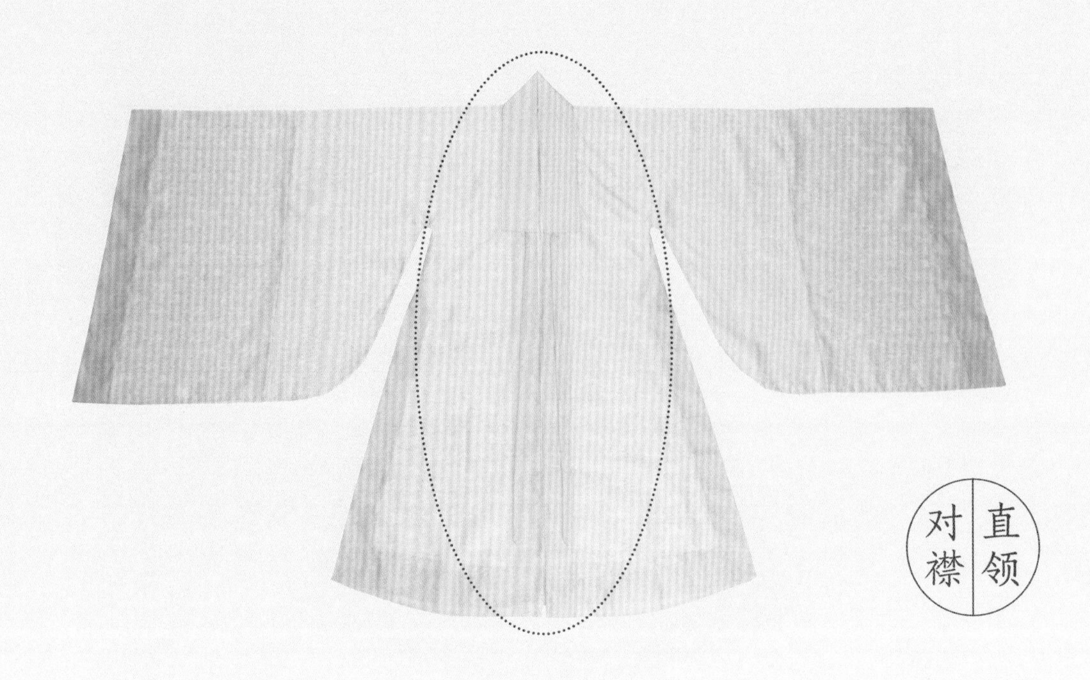

直领 对襟

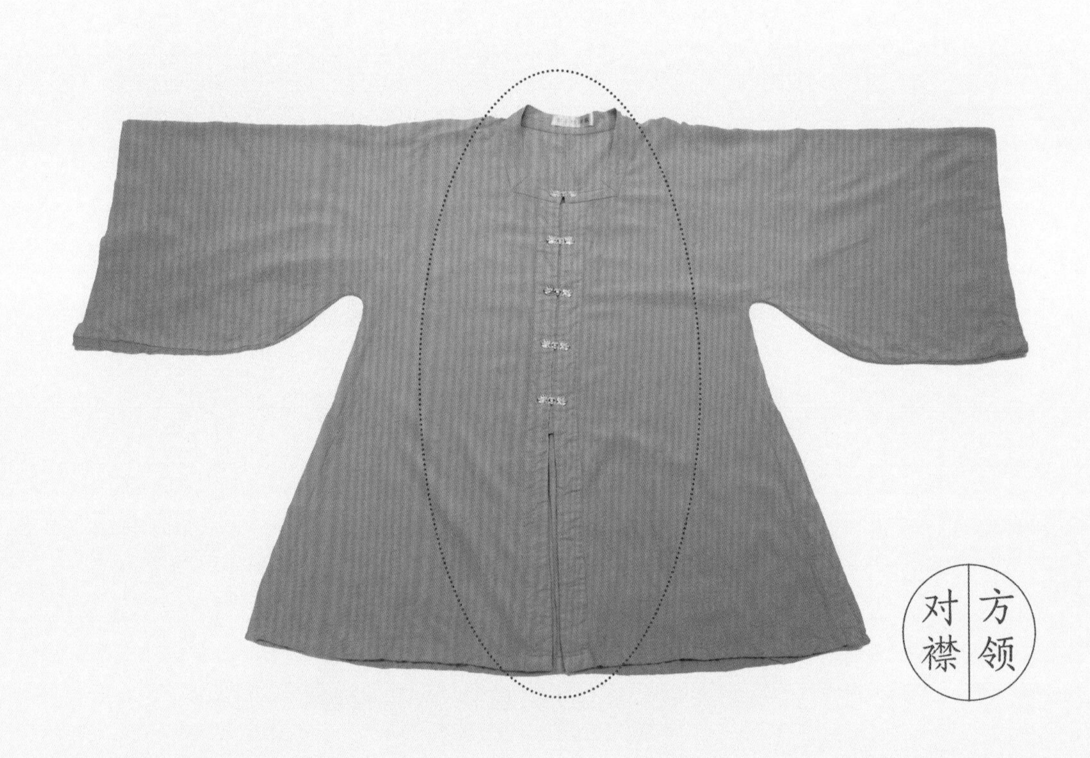

方领 对襟

竖领 大襟

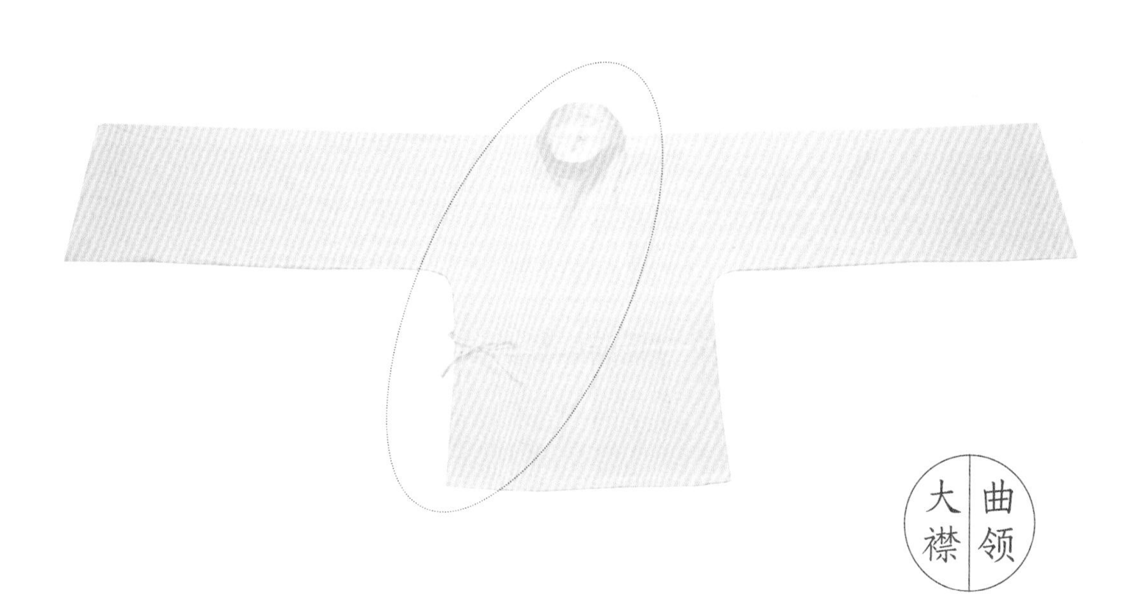

曲领 大襟

2. 袖型

广袖 | 琵琶袖 | 直袖 | 箭袖

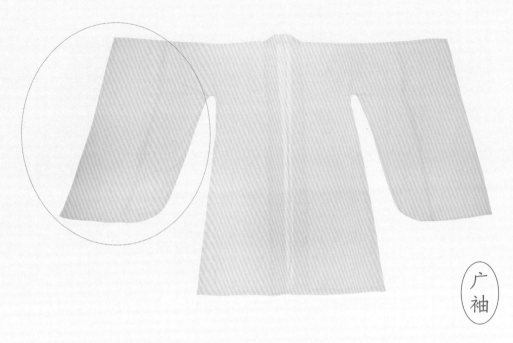

常见袖型根据大小可以分为大袖和小袖，不过小袖通常不会特意点出。根据形状常见的有广袖、琵琶袖和直袖等。

而近年来时兴的，从袖根到袖口逐渐收窄的袖型为箭袖。

广袖

琵琶袖

直袖

箭袖

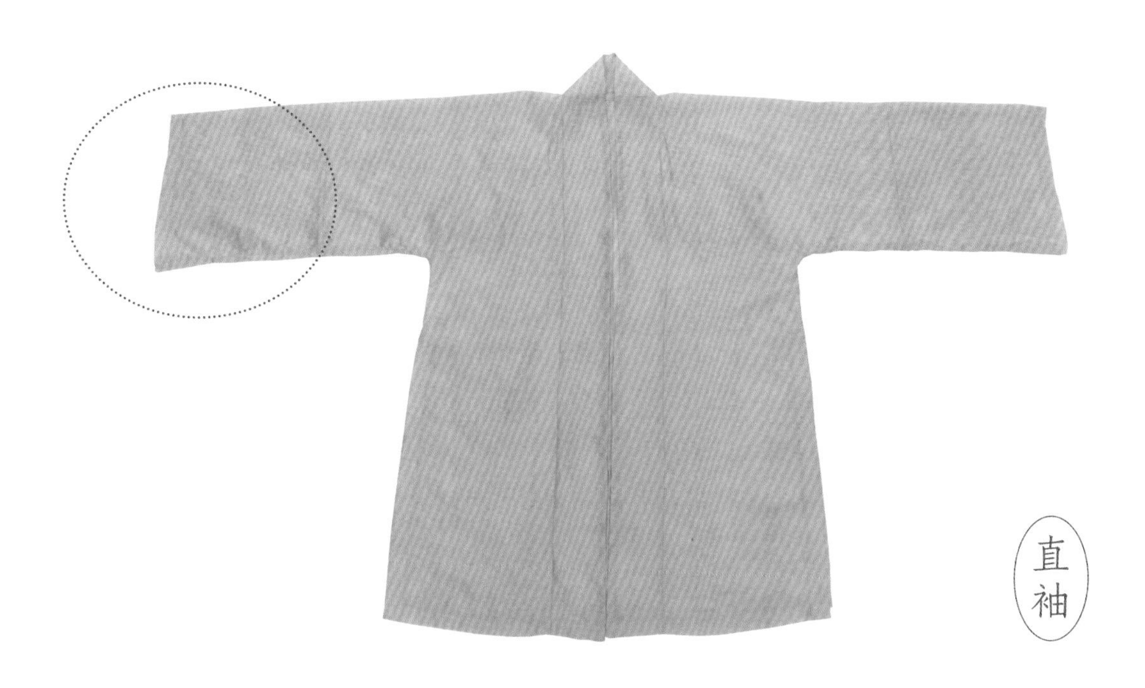

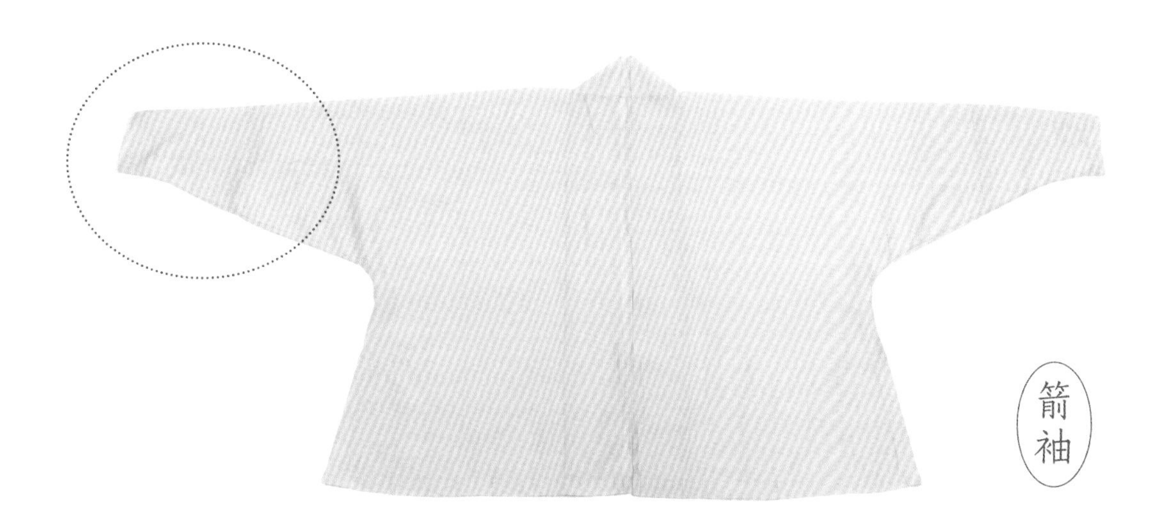

3. 通袖、放量

通袖指汉服平铺时左右袖尖的距离，基本决定了衣服的大小尺寸，是汉服剪裁的一大特点。

较小放量

较大放量

放量指的是在服装制作过程中，在人体数据上加大的数值。

汉服穿着时，不光讲究衣服本身的蔽体属性，还需讲究美观与舒适，故而汉服剪裁时，会有当下认知中较大的放量。

4. 中缝、接袖

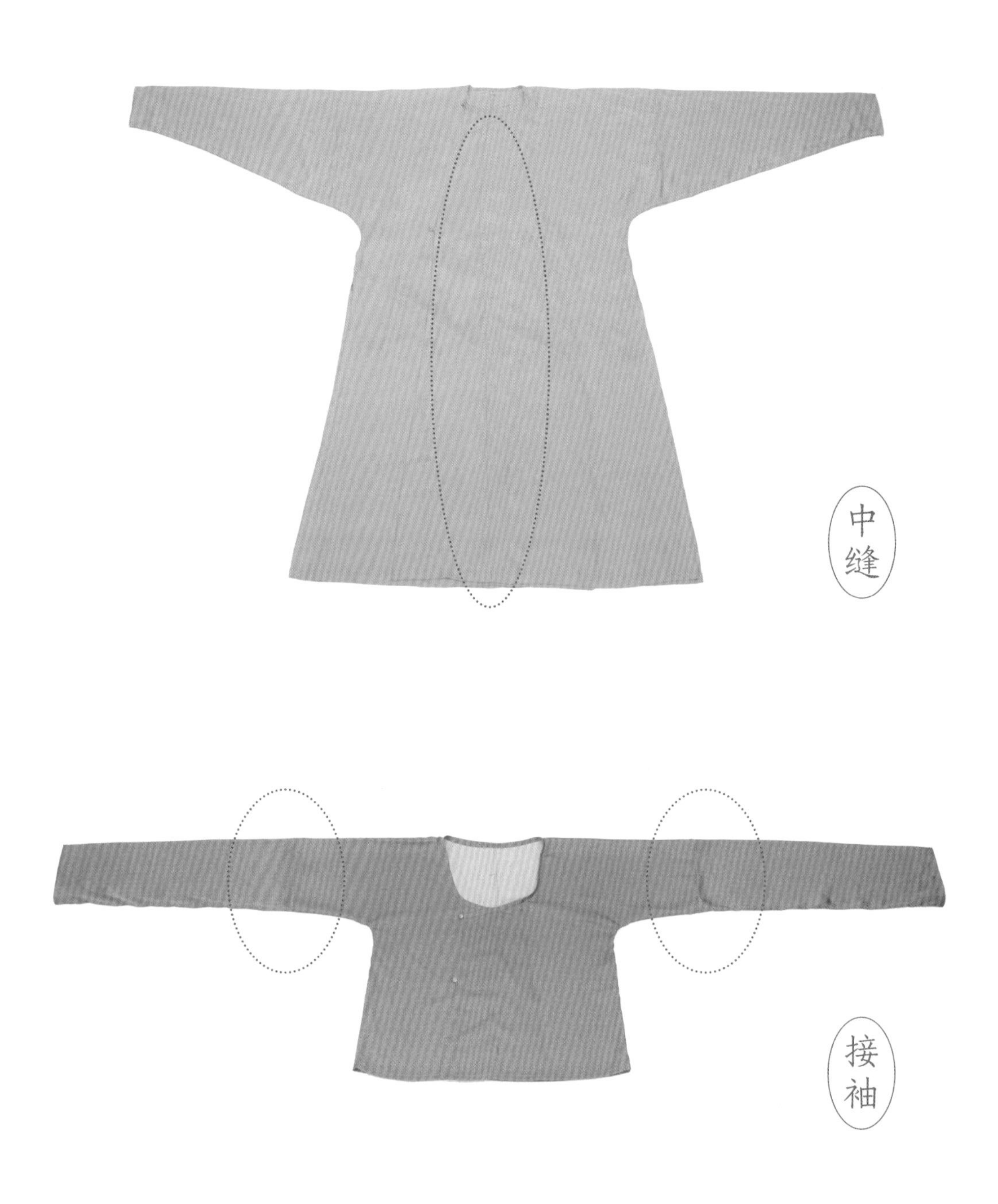

古时由于织造技术限制，布料宽度较窄，剪裁一件汉服时一块布料的宽度通常不够一件衣服的宽度及通袖长度，此时会进行左右拼接，衣服主体部分左右缝合的地方由于通常在正中位置，所以叫中缝，而臂间缝合的地方叫接袖。

随着时代的发展，中缝被赋予了实用以外的文化含义，因此在现代汉服中仍然保留了中缝与接袖，寓意为人中正平直。

第二章

周制·极服妙彩照万方

周制·极服妙彩照万方

你有没有想过，最开始的时候，人类穿着的是什么呢？这个问题人们是有过猜测的，最早的服饰应当是就地取材，使用兽皮、草叶等做成的，为保暖蔽体所用。人们保证温饱之后，服饰就开始有了更多的发展。人们纺织、绘色，制作了麻与丝等纺织用品，使得可以使用的材料增加了，服装的样式和颜色就进一步丰富，因此其附加意义也随之而来。服饰是随着时间和社会的发展而变化的，各个时段之间既上下勾连，又各具特色。随着时间的推进，服饰的等级功能也更为完备，文化意义逐渐丰富。

原始社会时期，服饰体系初见端倪，交领右衽已有雏形，衣服冠履、首饰配件均在古代的资料中出现。那个时候，人们也已经开始编发梳妆，关注仪表。而"黄帝垂衣裳而治天下"，不光描述了远古时期服装大概的样子，也体现了服饰背后与之相应的文化背景。服饰文化，从来就不是一座孤岛，它是这段文明最外在的体现之一。从文字记载来看，夏商时期我国已经具备较高工艺水平的养蚕取丝技术。

比起殷商，周大概要更为喜好宽袍大袖。西周时，完备的礼仪制度开始建立，成体系的冠服制度，明确了服饰要与身份对应，对后世章服制度影响甚为深远。在确立的服制中，冕服最为贵重，是祭祀时的服饰，共有六种形制。帝王祭天时所穿着的称为大裘冕，玄衣纁裳，上有十二章纹，浪漫又隆重。当年的冕服虽然没有实物流传下来，但是后人根据考古资料及典籍记载做了相关复原，从中可窥见一斑。弁服仅次于冕服，用于日常朝会，其他还有玄端、深衣等服饰。命妇根据自己的丈夫的等级，也有属于自己的服饰。女性的服饰包括袆衣、揄狄、阙狄、鞠衣、展衣、缘衣等。军服、丧服等服饰，也开始成型。与贵族常穿着华贵的衣料不同，平民常穿着葛麻等材料做成的衣服，衣服也较为窄小，布衣一词也由此而来。不同的服饰用于不同的等级和场合在这一时期进一步明确。

到东周时期，由于时代特色，人们做衣服的料子、颜色大有不同，各国服装各具特色又互相影响。楚国的绮丽华美，“其服不挑”的秦人相对朴素，而齐鲁大地尚“宽缓阔达”，中原地区多深衣，而北方少数民族着胡服。诸侯各自割据，思想百家争鸣，服饰璀璨多样，这是春秋战国的特色之一。

随着秦始皇实现了大一统，完成了度量衡的统一，服装也不可避免地逐渐趋同。与此同时，秦也对服饰制度做了详细的规定，从冠带到佩剑，都有了新的面貌。

秦王朝存在的时间并不长，汉承秦后，服饰也逐渐增添和完备，纺织工艺也更加进步。冠巾的形式多种多样，服饰纹样更加绚烂多彩。官吏常佩绶簪笔，搭配褒衣博带。袍成为了常见的款式，长至脚踝，衣袖宽大，内可有裤，腰间装饰以带钩，配着冠履，形成一套完整的服饰。此时襦虽称“短衣”，但也有到膝盖的长度，下配裙、裤。虽然袍与襦男女皆可穿着，但颜色、裁剪等仍有差异。到了东汉，由于当时社会的动荡，服饰变得更加多样。

（一）周制礼服

1. 玄端

玄端①穿着图示

玄端为上衣下裳制，为玄色礼服，正幅正裁，以示端正，故名为玄端。配套的首服称为委貌，下配裳，外有蔽膝。

① 玄端套装由汉服北京设计制作。

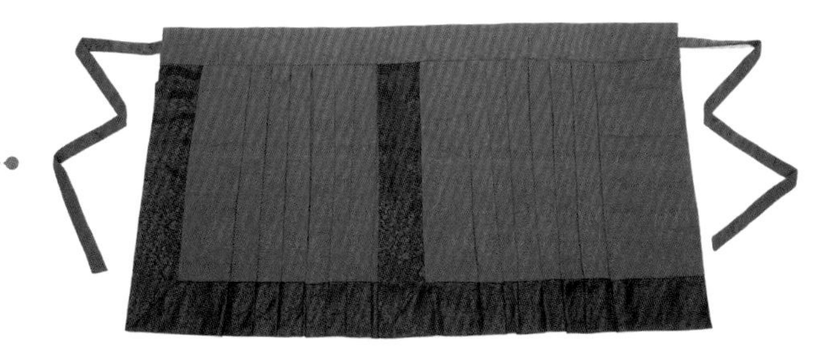

裙

玄端

蔽膝

2. 直领袍

直领袍[1]穿着示意

贵族穿着的直领袍用料更加奢华，长裙曳地，尽显雍容之姿。

① 直领袍套装：中衣为怀谷居汉服设计制作；直领袍由汉服北京设计制作。

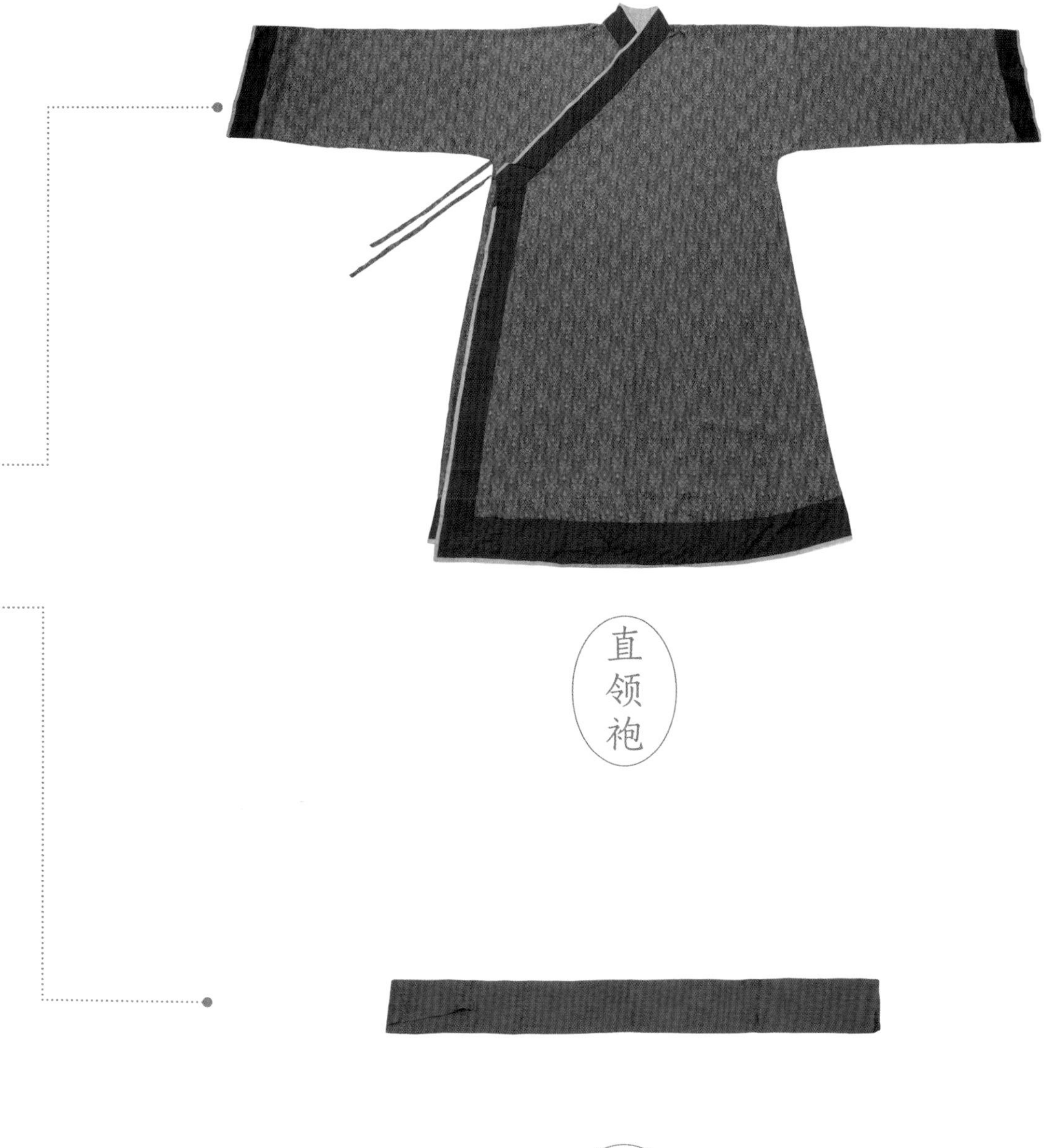

腰带

玄端和直领袍的适用场合十分广泛，庄重如冠礼或婚礼，平日如叩见父母，都能够穿着，与生活息息相关。本套礼服在复原制作时猜想其常用于宴饮等场景，现在也可以用作隆重或者喜庆场合主角的礼服。觥筹交错间，衣袂翩跹，好一派潇洒富贵。

（二）先秦便服

1. 深衣

深衣

男子头戴幅巾，身穿深衣，腰系大带[1]

深衣：深衣是战国到西汉广泛流行的服饰，“衣裳相连，被体深邃，故谓之深衣”。深衣还有着具体的讲究，短不能露出皮肤，长不能接触尘土。缝制时从中缝处接出三角形的衣襟，采用对折的一块布作为衣缘，体现出其“续衽勾边”的特点。穿上后使人气质庄严肃穆，现代多在祭祀等重要场合穿着。遗憾的是，先秦时期的深衣在宋代就已经失传，后世多根据《礼记》中的文字进行复原。

大带：大带较普通腰带更为宽、长，故名大带，是搭配深衣的必备配件。

幅巾：是指裹住头部的一块帛巾，现在是一种表示儒雅的首服装束。

① 深衣套装由汉服北京设计制作。

2. 袍

男子身着袍①

袍

袍：第一章时已经提到，袍为较长服饰的概括称呼。先秦时期的袍放量多，更能衬托出穿着者文质彬彬的姿态。

① 袍由汉服北京设计制作。

烟波浩渺，云雾迷蒙，蘅皋芳蔼，芝田茏葱。怅然入梦，见神女翩然立于一畔。

肩若削成，腰如约素。

雾绡轻裾，风姿绰约。

（岐头履由山河秀汉风足衣提供）

鬓云蔽月，转盼流光。肤如凝脂，气若幽兰。

攘皓腕于神浒，采湍濑之玄芝。凌波微步，罗袜生尘。

恨人神之道殊兮，怨盛年之莫当。抗罗袂以掩涕兮，泪流襟之浪浪。悼良会之永绝兮，哀一逝而异乡。

无微情以效爱兮，献江南之明珰。虽潜处于太阴，长寄心于君王。

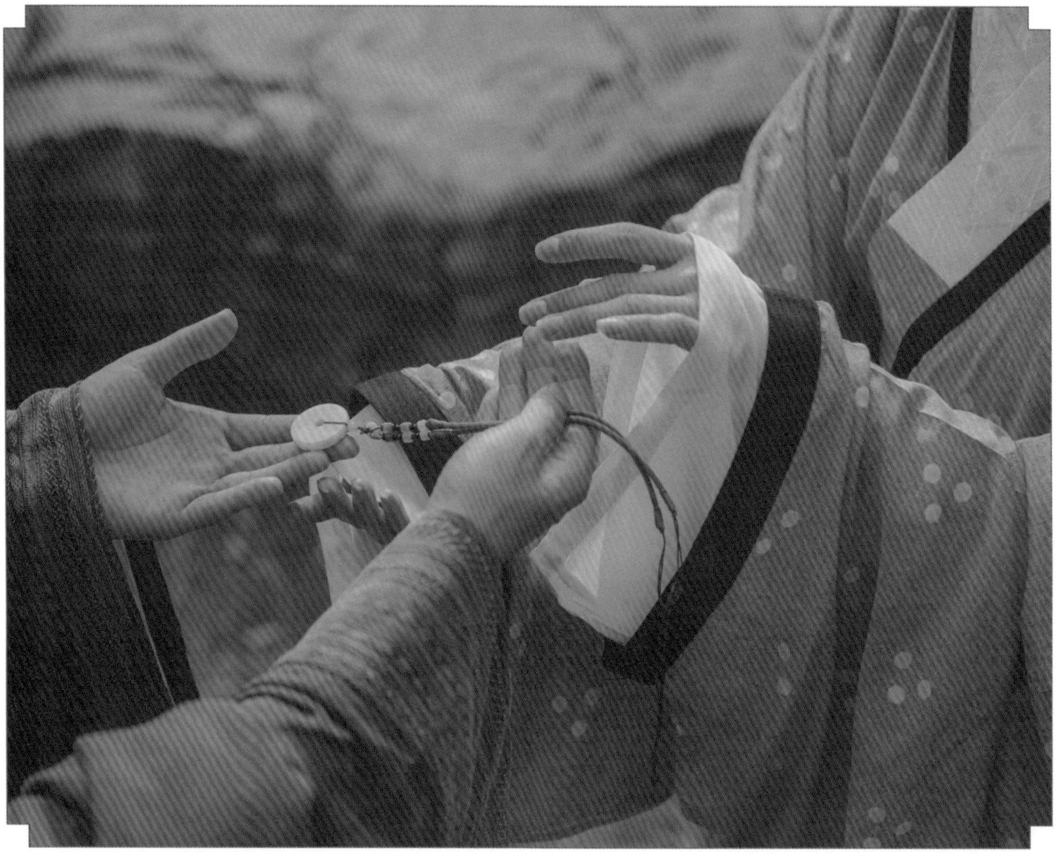

是以君梦神女，或神女见君，梦而不知其梦，后知其梦皆为梦者，一切虚妄，如斯梦境。

（三）汉代便服

1. 曲裾

曲裾

女子身着曲裾①

曲裾：前襟延长是曲裾的一大亮点，镶边的衣领自左向右缠绕到下身，交领右衽，虽然缠绕却不赘余，反而有一种婉转含蓄之美。曲裾的长度能够触及地面，里面可搭配衬裙穿着，同时也根据天气、场合等不同需求选取不同材质缝制。

① 曲裾由怀谷居汉服设计制作。

2. 直裾

男子身穿直裾，外着禅衣[1]

直裾：与曲裾相比，直裾的下摆呈现出方正的特点。它的衣裾在身侧或侧后方，给人更为直率的感觉。值得一提的是，直裾无论男女，皆能穿着。

禅衣：禅衣念作“单衣”，顾名思义，也就是单层的外衣。多用纱制成，搭配曲裾或直裾穿着，有着朦胧的美感。

① 直裾禅衣套装由月阑珊汉服设计制作。

3. 交领襦裙

女子穿着襦裙，内搭曲领衫①

① 襦裙套装由如是观原创汉服设计制作；金色长柄扇子由花锦城手工提供。

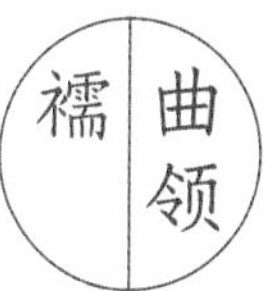

襦

裙

襦裙：上襦下裙是汉代女子常见的服饰搭配。襦为上衣，交领右衽。裙常为数片布料拼接而成，缠绕腰部，裙内可穿袴或者裈。这样上下分开的款式，衬托出女子腰身纤细、腿部修长的美态。

曲领襦：内搭的曲领襦可谓是古代的“高领打底衫”，护住脖颈的微宽曲领在女子微微低头时掩住下巴，晕染出女儿的娇羞。

昔有佳人居南国

昔有佳人居南国，顾盼挑达几城倾。

李家有子年十九，幽州良弓夙夜秉。沙漠扬名过四载，边声鼓角战已停。西逐匈奴弃甲去，无忧安家复寰宇。父母高堂尚安居，谓言少年子与妻。

闻说南国有佳丽，弃马乘舟渡江楫。襦袴直裾复禅衣，且换弓刀为瑟琴。

一见佳人诉衷情，二解琴瑟挑君心。

文采卓卓并斐然，言貌脉脉诉深情。

五音间奏钟并吕，阴阳相偕时相济。

（禅衣由月阑珊汉服制作）

只待佳期礼乐成，执子之手同归去。

第三章

晋制·被服冠带丽且清

晋制·被服冠带丽且清

三国鼎立、东西两晋、八王之乱、五胡十六国、南北朝并立，光是看这些后人总结的统称，就能让我们隐约感受到那个时代的纷乱与动荡。采莲南塘秋者，单衫杏子红，从此替爷征的木兰，则是寒光照铁衣。即便是经历了一次次的战争与重建，掷果盈车、我见犹怜等描摹美男子与美人的传说也流传了下来，让人对那个时代的风貌更是好奇。

显而易见，服饰的多样化是这个时代的一大特色。有汉人，也有胡人。有人华服傅粉，有人不修边幅，也有人粗服乱头，当然也会有人衣不蔽体。自三国开始，服饰风尚若是简朴的，则服饰从简，若是崇尚奢靡的，衣物则日益博大。服饰的背后，是人心。

与"胡服骑射"一并提及的"孝文改制"，也发生在这段时间。"胡服骑射"是赵武灵王军装改制，而"孝文改制"则是北魏孝文帝拓跋宏推行汉化政策，制定冠服制度，其公服①与中原服饰靠近。北齐北周时期，当权者反对汉化，窄袖着袴的鲜卑服饰一度兴起。这种自北方少数民族而来的服饰，被称为袴褶服，逐渐盛行。所谓袴褶，也有人写作裤褶。褶是"短身而广袖"的上衣，形状像是袍子，可以束腰。袴，"胫衣"，也就是套在小腿上的衣服，秦汉后可遮蔽大腿。一般来说袴无裆，而裈有裆，统称为裤。这个时候有大口裤和小口裤，穿着大口裤时可用丝带缚住裤管。正式场合，裤外面仍当着裙。

① 公服是旧时官吏的制服。

此时女子礼服仍为袍服，日常着裙襦。襦是上衣，分裁有腰襕，长不过膝，过膝的叫作长襦。襦内搭配衫，下身着裙，襦可以放在裙内，也可以放在裙外。此时已有间色裙，间色裙顾名思义，便是颜色相间的裙子。还有缘裙，在裙摆加一层缘边。裙襦外可搭帔，帔是披在肩膀上的衣物。配着多种多样的发型和发饰，步摇，花钿，华胜，摇曳生姿。

裲裆在这个时候也很流行。裲裆有两种用途，可做内衣，穿在襦里，也有的穿在外面，起到保护作用，军服中所谓裲裆甲，便是如此。总之，裲裆是两片布上端连接，分别盖住前胸后背，男女皆有穿着。

蔽膝在魏晋时期，仍然存在，男女皆可穿着，用于日常，此后就慢慢退出了历史舞台。

这个时代，有落英缤纷，也有草木皆兵，政治、经济、民族、阶级、风俗，无一不存在着差异，并且发生着剧烈的变化。这些变化使得服饰很难独善其身。

㈠晋制礼服

1. 禅衣

男子禅衣①穿着示意图

男子上身着内衫，外穿襦，下穿合裆裤，裤外另着有裙子，外搭禅衣及蔽膝，蔽膝形状较为圆滑。禅衣穿着时将身前的衣襟缠绕至身后，再用腰带固定。

① 禅衣套装由汉服北京设计制作；平巾帻由萧萧国甲礼仪工作室设计制作。

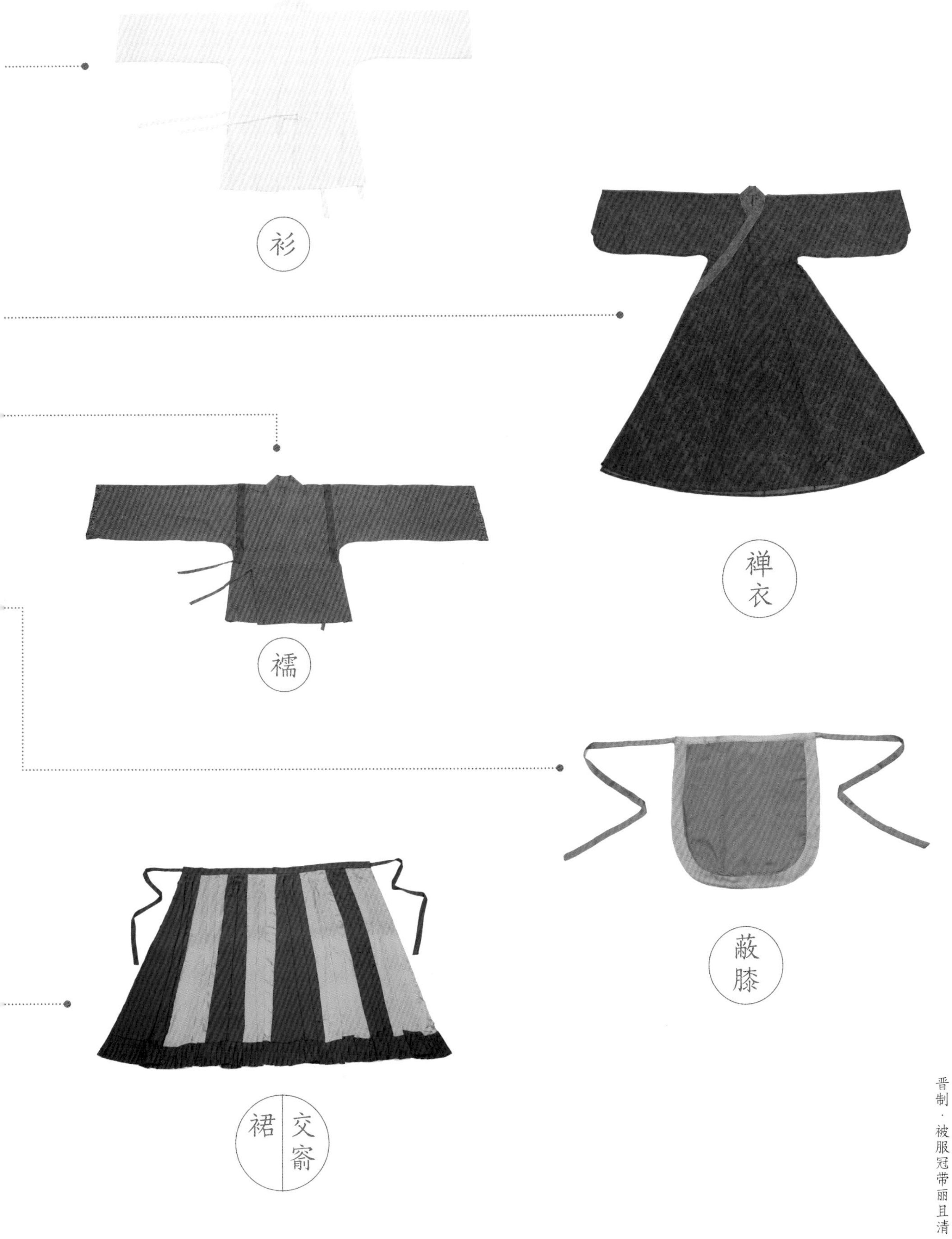
衫
禅衣
襦
蔽膝
交窬裙

2. 襦裙

女子襦裙①穿着示意图

女子同样内着衫子，外穿上襦，搭配半袖，半袖上有细密打褶的边缘，俗称“荷叶边”。下配裙及蔽膝，此时的蔽膝可多条飘带，翩然曳地，衣服色彩多样，恍若神妃仙子。半袖在晋时虽不用作礼服，但随着时代发展，现也常作为晋制汉服活动中重要集会的礼服来穿着。

① 襦裙套装由汉服北京设计制作；织成履由徐行记设计制作。

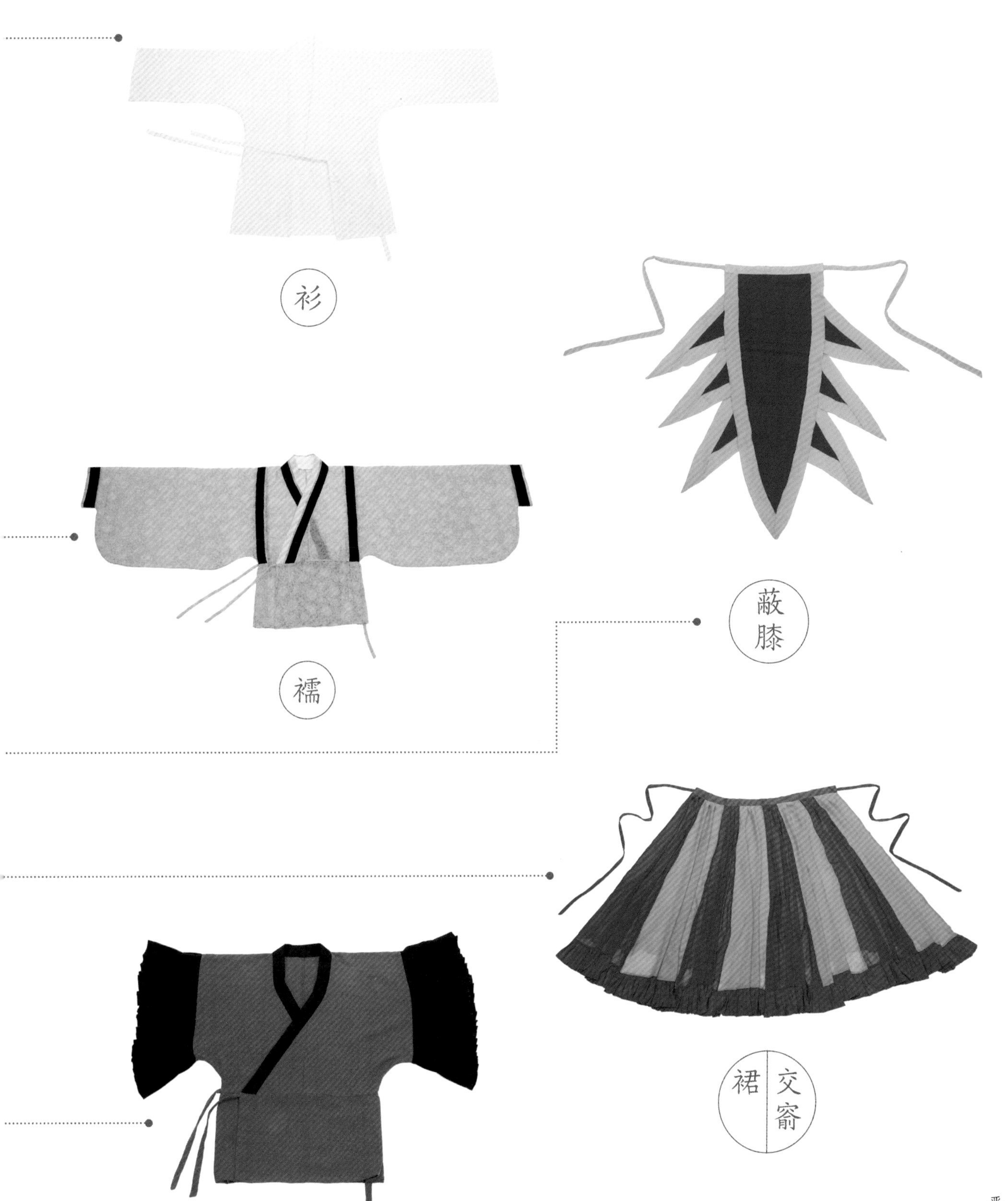
衫
襦
蔽膝
交窬裙
半袖

这两套衣服虽然不能算得上是正统的礼服，但是层次分明，色彩华丽，算得上是比较隆重的衣服套装，现在甚至可以用于婚礼等场合。

男子上身叠穿襦，下着交裔裙[1]

交领襦裙

襦：最早是上衣的统称。随着考古工作的推进，这样腰部接襕的款式就逐渐成为了晋制上衣的代表，人们也渐渐将襦与这个朝代画上等号，称之为晋襦。襦可单穿可叠穿，像这样多种材质、多种颜色叠穿的穿法，更显出风流儒雅之感。

交裔裙：裙子由单色或双色多片布料拼接而成，内外呼应，明暗交叠。裙身随走动流转摇曳，配着高耸的发髻，顾盼生姿。当然，男士与女士同样款式的穿着，素淡的配色更体现出稳重的气质。

① 男子晋襦套装由上遥居汉服设计制作；平巾帻由萧萧国甲礼仪工作室设计制作。

女子上身叠穿襦，下着交窬裙 ①

① 女子晋襦套装由上遥居汉服设计制作；织成履由徐行记设计制作。

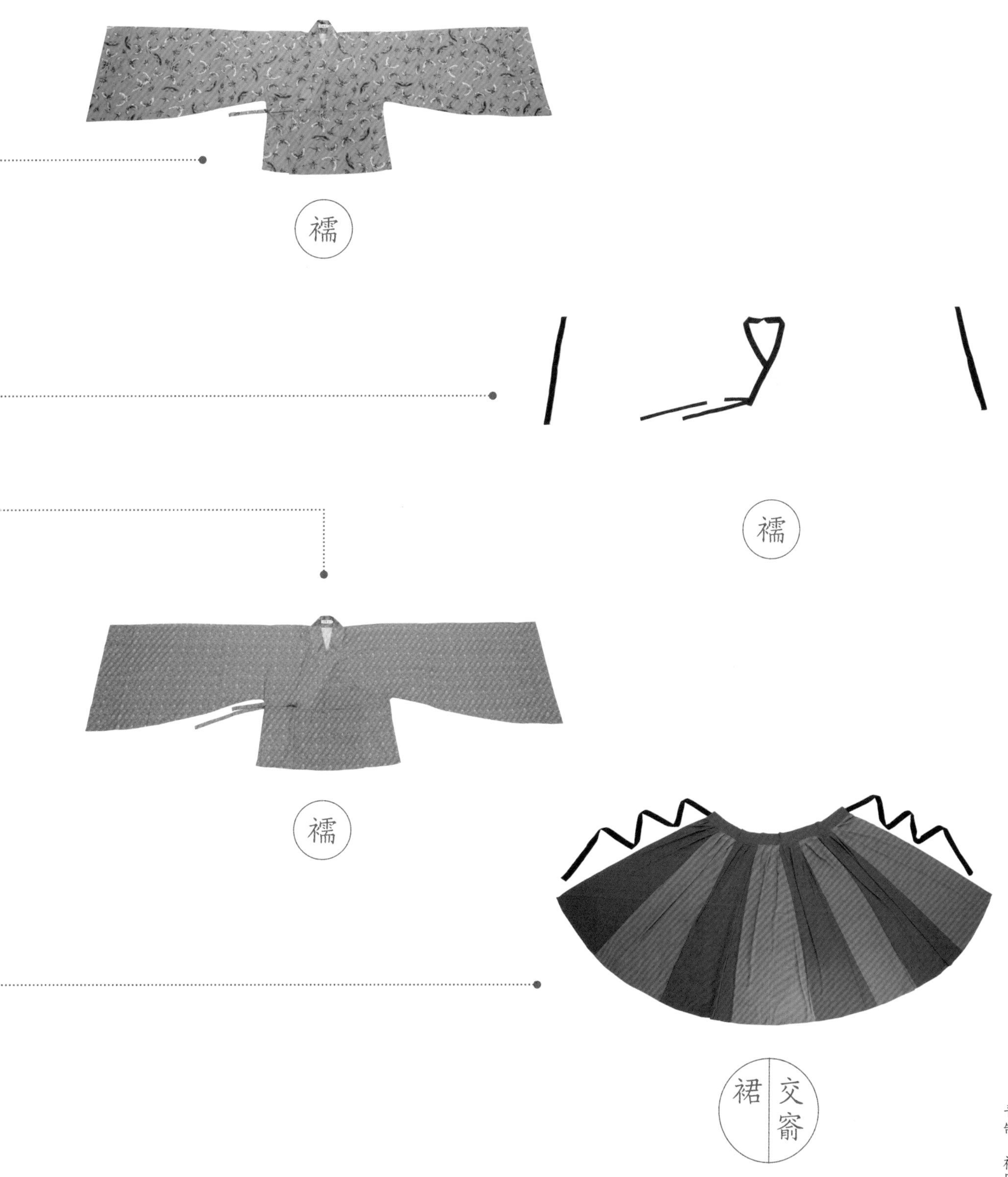
襦
襦
襦
交窬裙

咏絮之才

岁暮天寒，谢公与儿女谈文论道。

（中间女子交窬裙由上云乐原创汉服设计制作，其余均为遥居制作；
男子平巾帻、平上帻、屋山帻由萧萧国甲礼仪工作室设计制作）

俄顷，白雪纷落下。天地一时素裹银妆，玉洁冰清。

谢公兴起，掩卷披衣，望雪花晶莹，触手可及。遂道：『白雪纷纷，何所似？』

子侄谢朗，
才思敏捷，
率先对答：
『撒盐空中差可拟。』

话音方落，
有女接言：
『未若柳絮因风起……』

撒盐、飞絮皆白净若雪，只飞絮柔软轻逸，随风而起，更托雪花飞扬之态。

谢公大笑，见此出类拔萃者，深感欣慰。

才女便是谢道韫，聪识有辩才，有林下之风。

未来岁月中的婚姻屈就、
纷飞战火和骨肉死别……
皆未曾出现在此时的眸中。
此刻，
少女眼中唯有絮般飞雪，
无尽风流。

㊂ 南北朝便服

1. 袴褶 + 裲裆

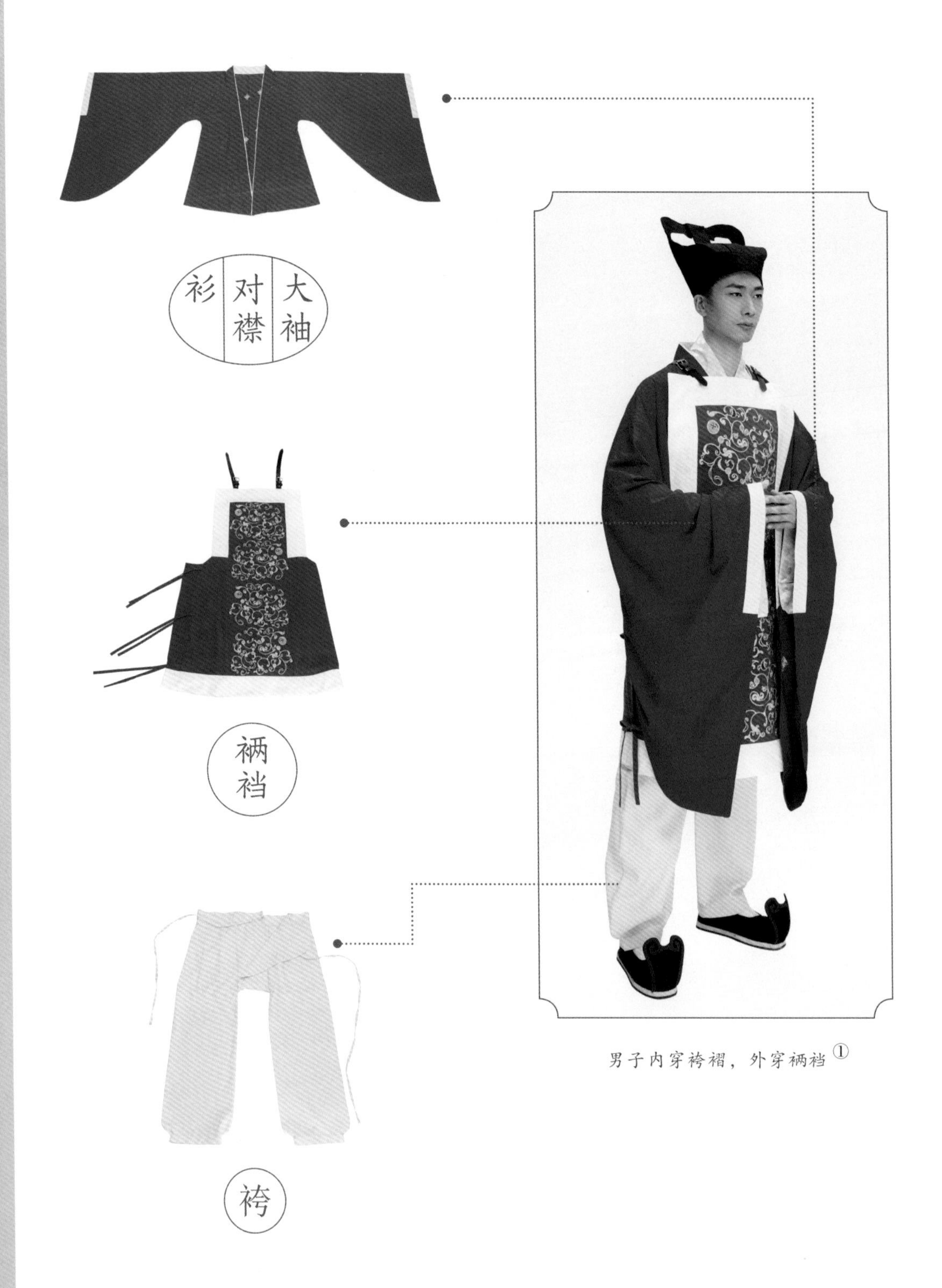

男子内穿袴褶，外穿裲裆 ①

袴褶：是当时甚为流行的服饰，是褶和袴，也就是上衣配裤子的简称。上衣短而宽阔，裤可用丝带捆缚，不仅作为军服，也作为日常服饰广泛使用。

裲裆：是从裲裆甲而来，取保护之意。外穿的裲裆上配着时兴的纹样，想必也会成为当时街市上一道亮丽的风景。奇妙的是，裲裆也可作为内衣，用素白的棉布做成背心样式贴身穿着，倍感安心。

① 裲裆套装由如是观原创汉服设计制作；平巾帻由萧萧国甲礼仪工作室设计制作。

2. 褶衣

女子内穿曲领襦，外穿褶衣，下着交窬裙。①

褶衣： 也就是腋下打了横褶的宽袖对襟上衣。值得一提的是，当时的衣服中已经开始运用了绞缬，即扎染的制作工艺。衣服上密集的点状几何花纹是一个个扎起来未着色而呈现的效果，在当时可谓是一件费工费时的“波点外搭”了。搭配曲领襦穿着，有着这个时代特有的随意与松弛。

① 褶衣套装由上云乐原创汉服设计制作。

3. 交领襦裙+半袖

女子穿着交领襦裙，外搭半袖①

半袖：顾名思义，半袖就是只有一半袖子的外搭上衣。在当时搭配襦裙穿着，也是较为常见的穿法了。袖口处接荷叶边，也可缀以珍珠做装饰。服装随手臂的摆动呈现婉转的姿态，使本就灵动的人儿，更显绰约之姿。

① 襦裙套装由花下有期汉服工作室设计制作；岐头履由山河秀汉风足衣设计制作。

木兰归乡

关山飞度，戎机万里。英姿不输男儿郎。

也曾青丝作双鬟，戏草石阶上。

阿母唤儿前，罗裙新染，喜得扮时妆。

今日归来，除我战袍，重改旧时裳。

时岁如梭，锦缎初成。双丫已散新髻成，恍若隔世，碧玉新琢，亦如阿母妆。

出门见伙伴，伙伴忽立起，不知木兰是女郎。

男女别何在，皆可保家乡。

第四章

隋与唐制 · 出门俱是看花人

隋与唐制·出门俱是看花人

在经历了自西晋末年以来近三百年的战乱之后，隋文帝杨坚于公元589年统一了中国。隋文帝崇尚俭朴，加之建国伊始，百废待兴，所以并不注重服饰的问题。直到隋炀帝杨广继位后，才命人重新完善了章服制度，而后唐承隋制，并延及宋明。

这套制度定得十分详细，最大特点则是等级森严，它不但详细规定了什么等级穿什么、怎么穿：比如文武官服要穿绛纱禅衣、白纱中禅、蔽膝、白袜与靴；祭服要穿玄衣纁裳，冕用青衬；男子官服在禅衣内襟领上衬半圆形的硬衬。还规定了什么阶层穿什么颜色：比如唐规定赭黄色为皇家专用，三品以上着紫色，五品以上绯色，七品以上绿色，九品以上青色。隋与唐服饰颜色等级划分略有不同，不同时期改革中也有差异，如此种种，不一而足。由于制度太过繁冗，执行中难免流于形式，僭越违制屡见不鲜。

抛开制度，就单纯穿着而言，隋唐时期可以说是花样最为繁多的时代。特别是唐朝，由于商业发达、文化交流频繁、社会风气开放，其服饰更是标新立异，时髦前卫。当然，我们把隋唐放在一起只是因隋朝存在太短，与唐的服制又有传承关系，并不代表两朝服装衣式完全一样。

隋初之时，男子尚着袴褶服，到唐朝逐渐被更为方便的圆领袍取代。圆领袍是一种圆领大襟、两侧开衩的窄袖长衣，由于可开衩到胯部，故也被称为缺胯袍。圆领袍通常用蹀躞带束住。圆领袍是外衣，里面可搭配半臂。半臂为交领，袖长到肘，衣长可至腰，通常有接襕。再配上足下的靴子，就是一套完整的唐时打扮。

对于女性而言，初唐继承了隋的风格，仍然是穿着窄衣小袖，常配以时兴的条纹裙，蓬勃鲜艳。把大襟衫子对襟穿着，成为一种特别的时尚。中唐以后，衣衫逐渐变得宽松，衣袖也渐宽，进入到大家印象中的雍容华贵、羽衣霓裳的阶段。从隋初入盛唐，一直绵延到五代，女子的发髻逐渐增高，甚至需要配以假髻。发髻上点缀着金碧辉煌的簪钗梳冠，映衬着多姿多彩的妆面，与摇曳的裙摆相映生辉。

女性裙衫之外仍可着衣，称为背子，配着披帛，更增添了衣物的层次之美。入唐之后，女子着男装也渐成时尚，女子同男子一样，穿着袍靴，甚至还可以去打打马球。

“云想衣裳花想容”“皎如玉树临风前”，是这个时代留给人们的美好印象。

（一）唐制礼服

1. 大袖礼服

男子大袖礼服[1]穿着示意图

唐代官服发展了古代深衣的传统形制，于袖口、领口、衣裾贴边，衣服前后身直裁，前后襟各用一整幅布接成横襕，腰部用革带束紧[2]。比起强调使用场合的不同，唐开始更注重等级的差异，三品以上用紫色，五品以上绯色，七品以上绿色，九品以上青色，布料及饰物也有不同的规定。

① 大袖礼服套装由衔泥小筑汉服设计制作。

② 引自《中国服饰史》。

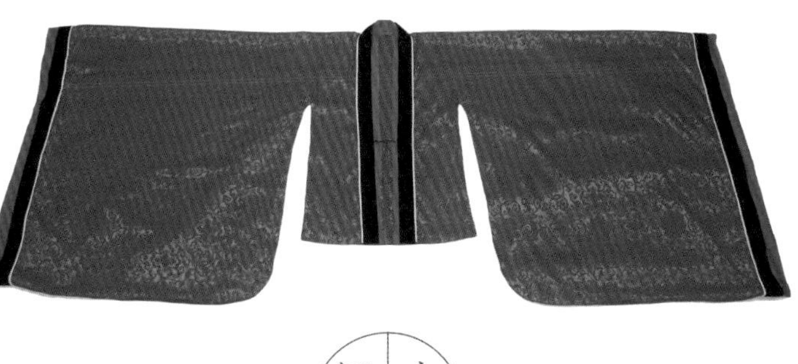

大袖短衫

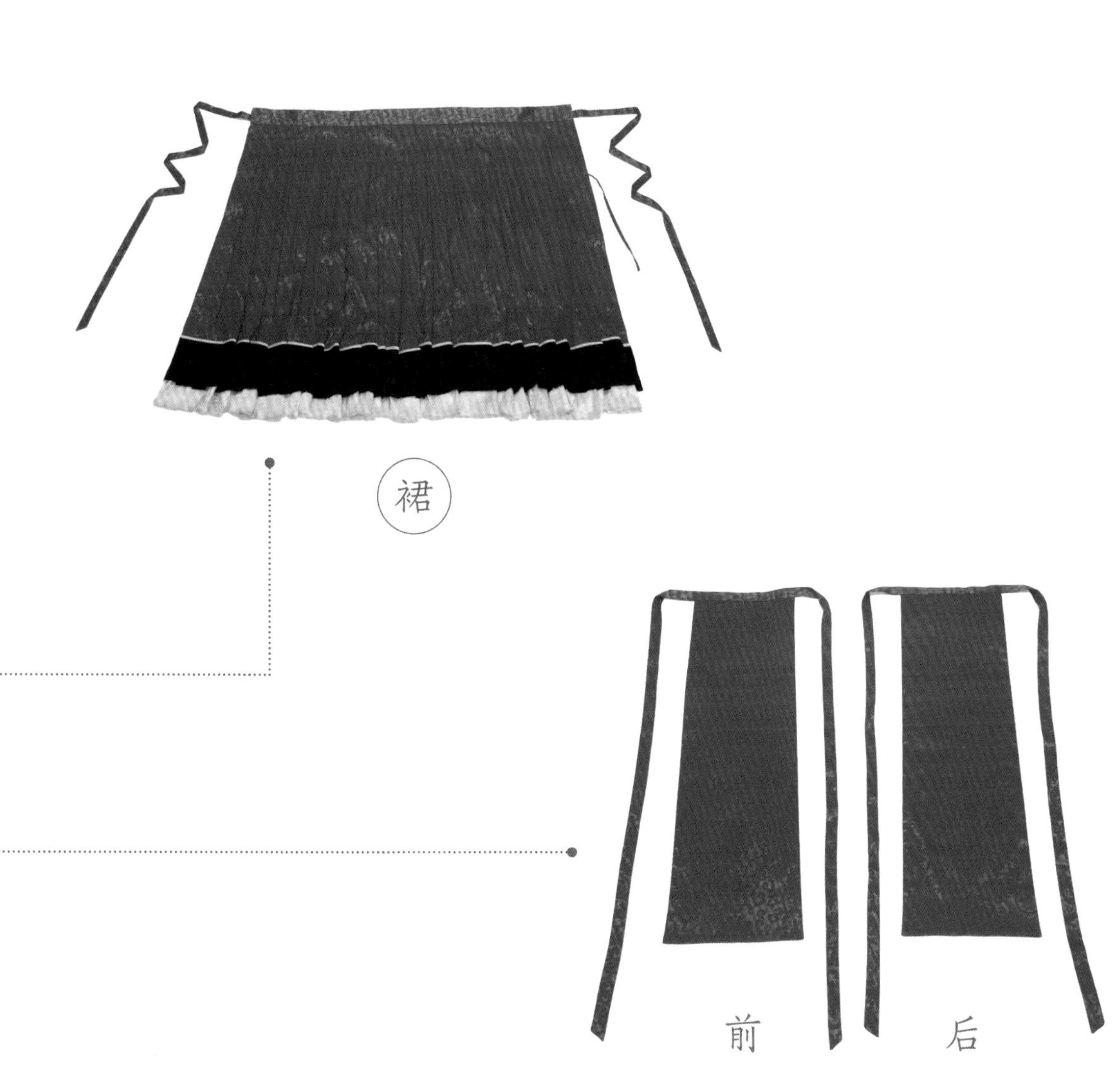

裙

前蔽膝

后绶

2. 礼衣

女子礼衣[①]穿着示意图

女子的服饰也取决于其地位，并且同样也需根据场合穿衣，正式场合当着礼服。此图中女子头戴花钿装饰的金冠，内着中禅，外穿礼衣。外层衣服为大袖，交领，上下相连，下摆细密打褶，腰线略高，配以蔽膝。随着时代变化，衣饰会有变动。

① 礼衣套装由汉服北京设计制作。

蔽膝
中禅
大带
礼衣
绶

男子上衣下裳的礼服与女子“杂色”的深衣制礼服都属于正式礼服体系中较为“轻松”的服装，可在除祭祀外的“公事”场合中穿着。因出土实物较少，本次复原按照朝服猜测略有删减，使用场合仍依据朝服的使用范围进行推测，在重大节日相对比较正式的场合，应当是适宜的。同时从颜色上来看，也应是贵族阶层的专属。楚楚士族公子，娉婷高门贵女，只一携手，便衍生出金风玉露一相逢的人间美谈。

(二) 隋朝便服

1. 裲裆

男子内穿袴褶，外着裲裆 ①

隋初的服饰还带着前朝的影子，上身着褶衣，下身着袴，外穿裙子，配着裲裆，仍然是这个时代官员的打扮。但是由于它原非传统，又不足够方便，最终逐渐消失了。

① 裲裆套装由如是观原创汉服设计制作；平巾帻由萧萧国甲礼仪工作室设计制作。

2. 窄袖直襟帔+大袖交领襦裙

女子穿大袖襦裙，身披窄袖直襟帔①

① 大袖襦裙套装由如是观原创汉服设计制作；窄袖直襟帔由重回汉唐设计制作，由阑汐私人提供；翘头履由步月歌设计制作，由阑汐私人提供。

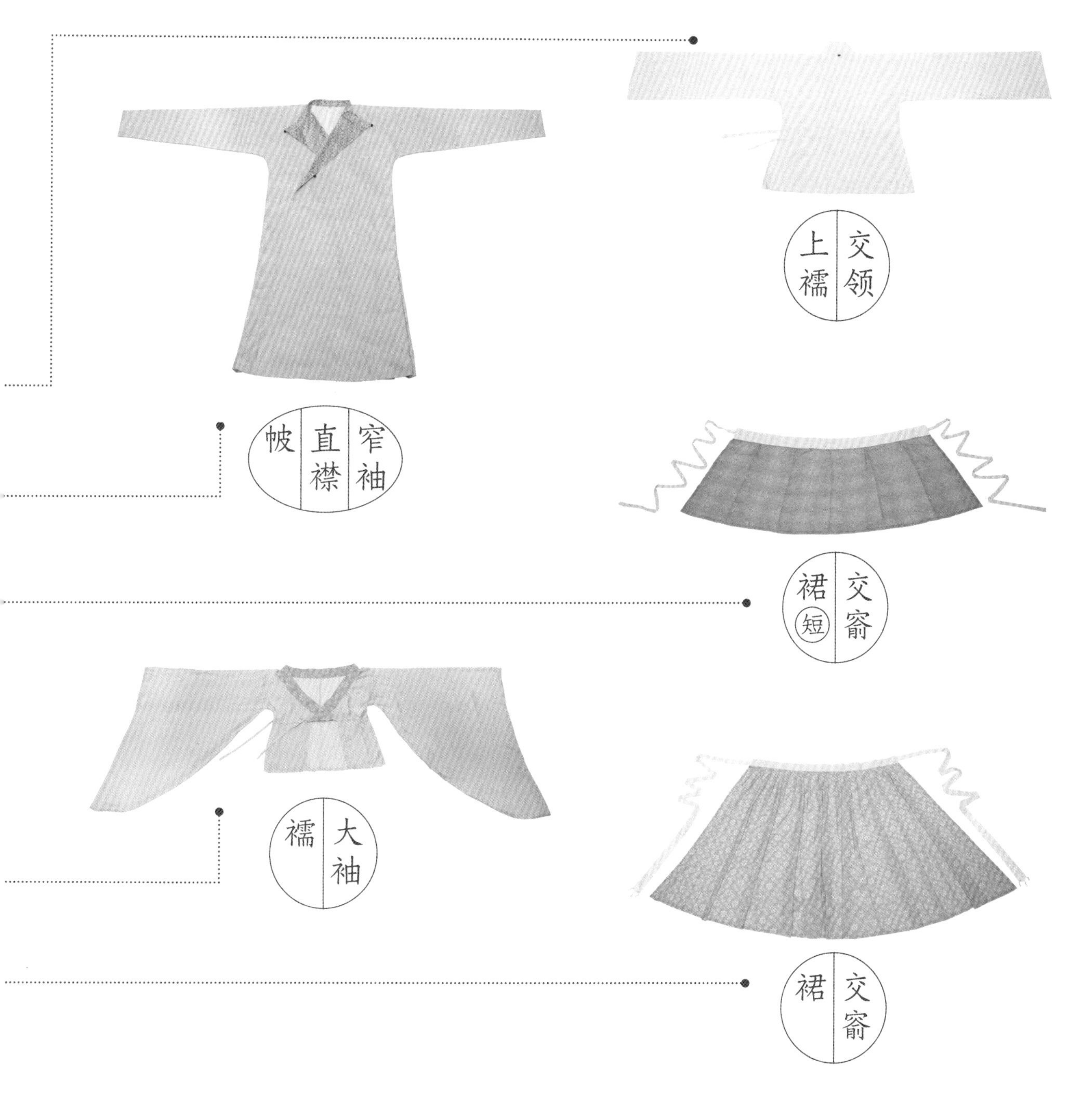

大袖襦：隋朝由于存在时间较短，其服饰多沿袭南朝风格。大袖襦同样属于腰部接襕的上衣样式，但领口和袖口都较一般襦宽大。女子整套穿着再搭配腕部的悬囊，举手投足间带给人红袖添香的旖旎联想。

交窬裙（短）：将原本穿在下身的长款交窬裙提至胸部以上，是从隋代壁画或陶俑中发现的一个有趣现象。这样起到了腰线上提、延长腿部视觉效果的作用。当然，这也对后面唐代的服饰风格，乃至对齐胸襦裙的出现，产生了直接影响。

窄袖直襟帔：虽然这件服装有两个小小的袖子，但通常并不会正常穿在身上，只是作为简版的“披风”轻轻搭在肩部。外出时披在身上，既可防风，又能起到装饰作用，似乎与现代将西装外套披在肩上的时尚穿法有着异曲同工之妙。

（三）唐朝便服

1. 圆领袍

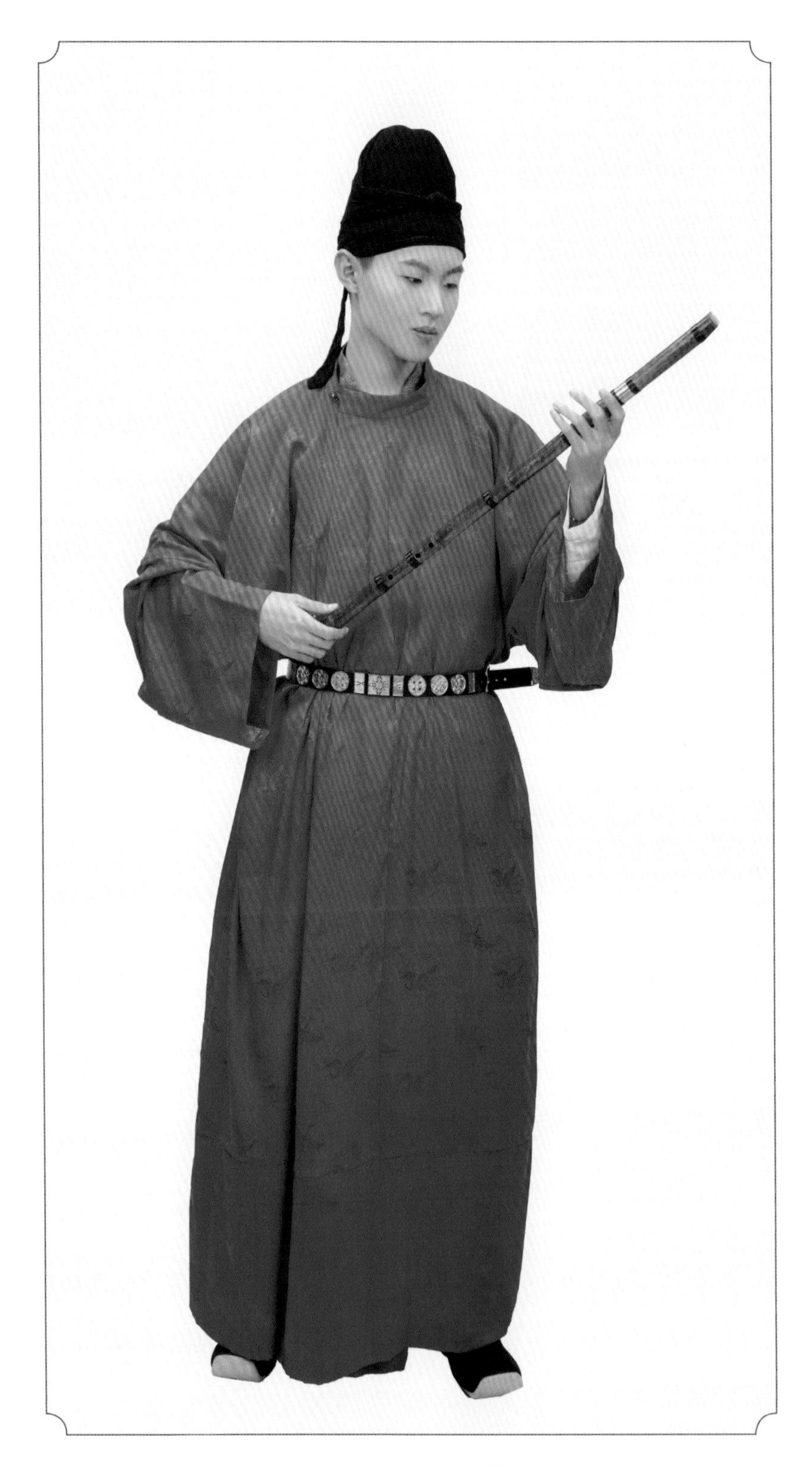

男子着圆领袍 ①

① 圆领袍由汉服北京设计制作。

女子上身着圆领袍，下身着裤①

圆领袍：圆领袍是唐朝常见的服饰，即领口呈圆形、衣长过膝的双层服装。男女皆可穿着。男子穿着圆领袍时，常常佩戴幞头。而女子一般仍保留发髻。

① 圆领袍由雁荡楠溪设计制作，由李晓璇私人提供；袴由乔织原创汉服设计设计制作，由李晓璇私人提供；翘头履由微朴传统鞋履研究与制作设计制作，由阑汐私人提供。

2. 翻领袍+半臂

男子着翻领袍，内搭半臂①

翻领袍：将圆领袍翻转领口穿着，就变成了翻领袍。这样豪迈的穿法更显示出男士的威武挺拔，腰间配蹀躞带、足下穿靴，方便行动。

半臂：翻领袍搭配半臂，增添了服装的层次感。而蓝、红这样的大胆撞色，更是唐人开放风气的体现。

① 翻领袍套装由汉服北京设计制作。

3. 背子+衫裙

女子穿圆领大襟衫和半臂，下着交窬裙①

圆领大襟衫：衫子交叠的领口呈现出圆领，但又因为只看衣服的正面是一个半圆，现代也简称为“U 领”。这样的衫子使女子修长的脖颈和美丽的锁骨得以显露，呈现出一种迷人的效果。

背子：与上面衫子同样领型的背子，与之成为了完美搭配。与之前带荷叶边的半袖相比，唐时的背子少了些繁复，多了些简约直率。配着下身的绿色团花片裙，绿橙撞色，明快而又和谐，带来大胆而别致的美感体验。

① 背子套装由琅璃设计制作；翘头履由步月歌设计制作。

女子穿圆领大襟衫和背子，下着交窬裙，配披帛①

① 背子套装由琅璃设计制作；披帛由乔织原创汉服设计制作，由阑汐私人提供。

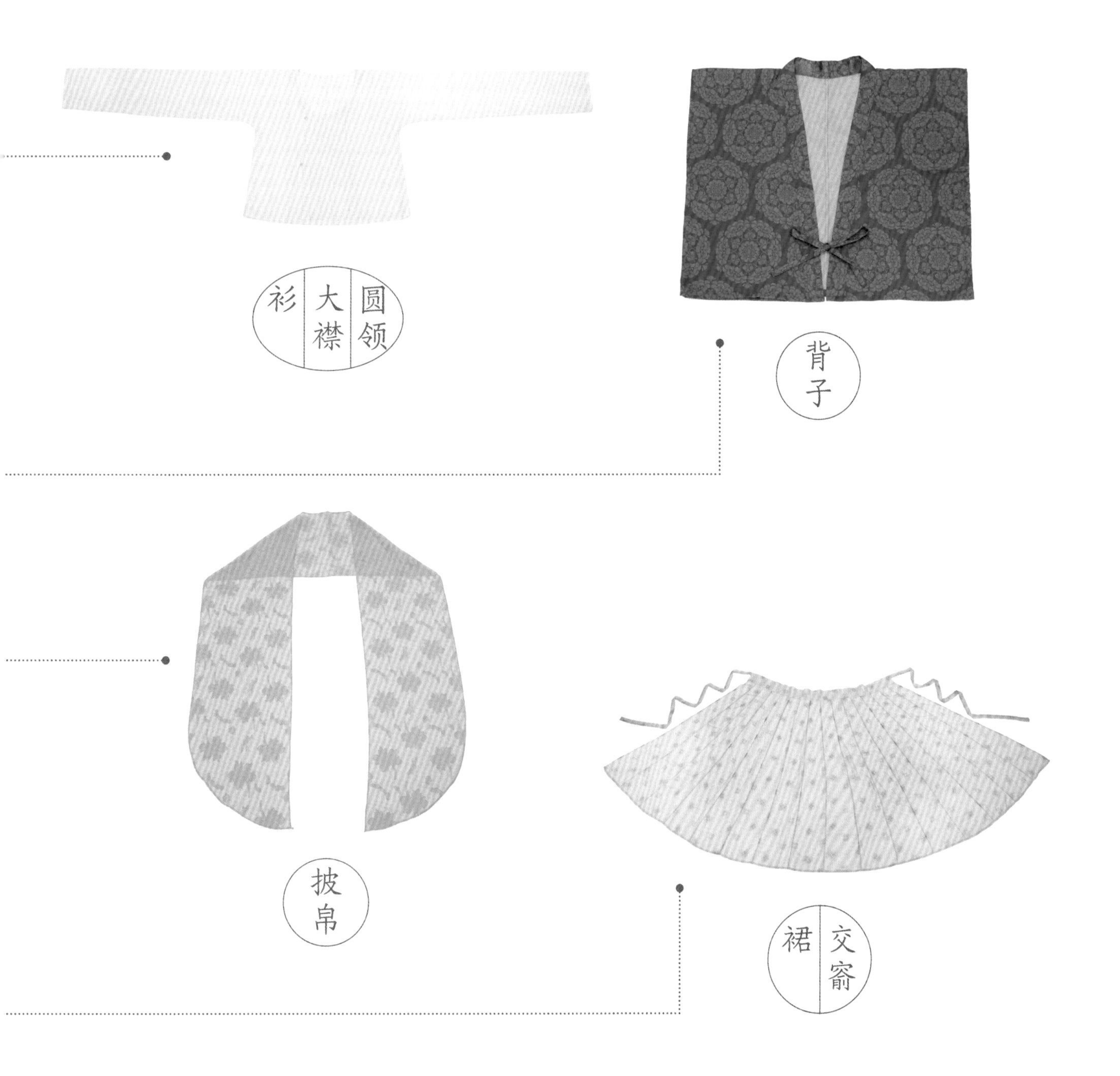

背子：背子其实就是半臂的进一步变形，除了圆领大襟的领型外，还有对襟的款式。这种款式的背子几乎只遮盖肩部，与现代的背心相似。明快的颜色和简单的样式，使穿着的女子显得俏皮可爱。

披帛：是用作装饰的单层长布条，是唐代服饰的经典搭配。其材质轻盈，可披在肩上，亦可搭在臂弯。层层叠叠，情味悠长。

4. 齐胸衫裙

女子着齐胸衫裙，配披帛①

对襟短衫： 简单轻便的对襟短衫使服装整体看上去更加清爽。炎炎夏日贴身穿着，不仅使衣着感受更加轻快，视觉上也平添了几丝凉意。

齐胸裙： 此时裙衫渐宽，裙头可上移至胸部，人的整体形态看上去相应地发生了变化。裙衫上的纹样常为团花或者花草，富贵端庄。此时鞋头常高高翘起，或许是为了方便。披帛既可以起到装饰作用，又可以用来束缚长裙，使其便于行动。

① 齐胸衫裙套装由尘余馆汉服工作室设计制作；翘头履由步月歌设计制作，由张菁私人提供。

㊃ 五代便服

1. 圆领袍

男子着圆领袍 ①

圆领袍：与盛唐时的圆领袍不同，五代时的袍子两侧不开叉、衣袖更加宽大。这样的改变减去了一些恣意洒脱，增加了一些慎重沉着。

① 圆领袍由汉服北京设计制作。

2. 大袖衫

女子着齐胸衫裙，外配双层大袖衫[①]

① 圆领大襟衫由琅璃设计制作；齐胸裙由鹤蕴瑜唐设计制作；纯色大袖衫由谜阿凰设计制作；团花大袖衫由海棠私语汉服设计制作，由江南私人提供；披帛由初九家汉元素设计制作，由张菁私人提供。

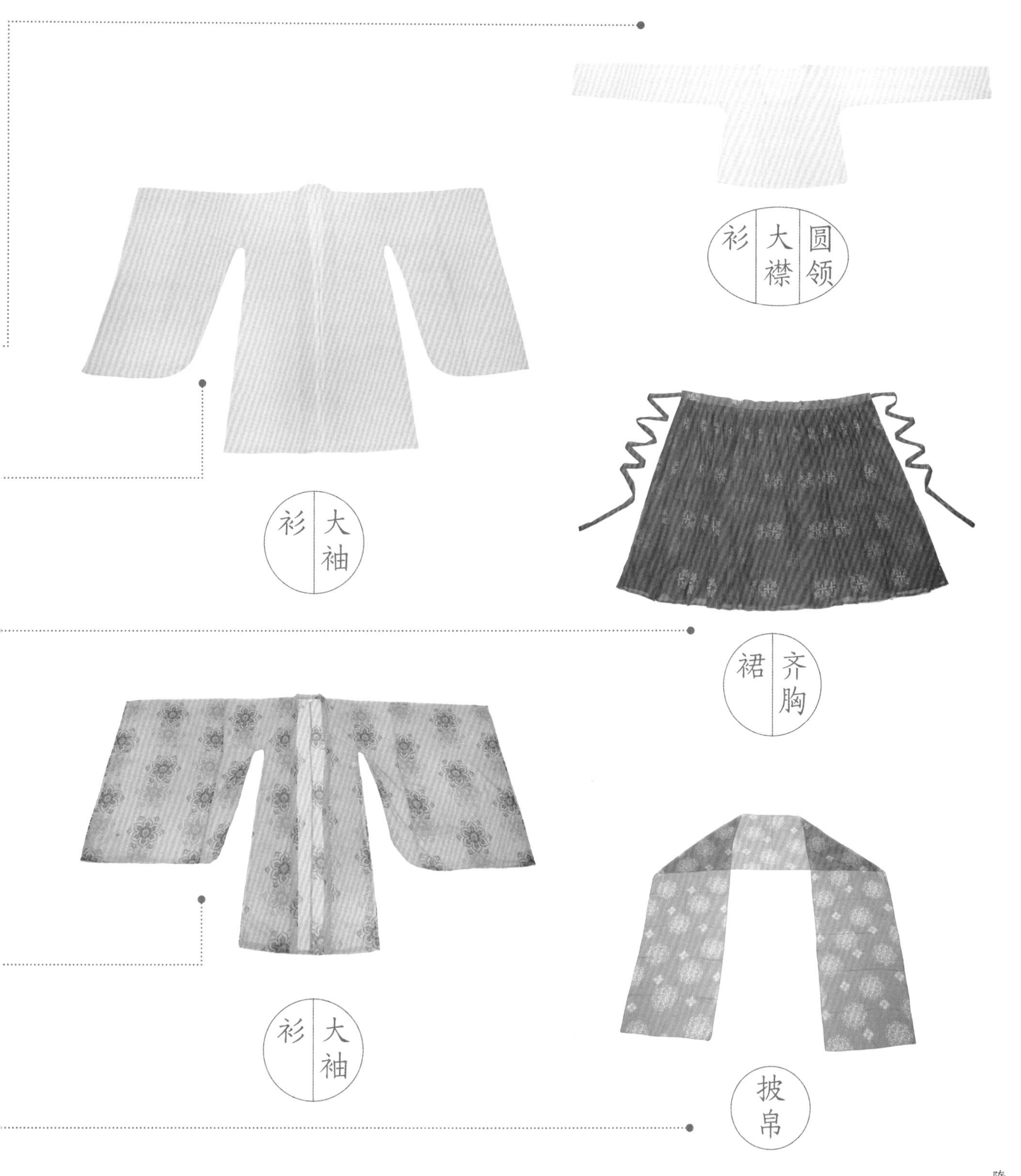

大袖衫：大袖衫顾名思义，衣衫广阔，袖口宽大，穿在齐胸衫裙外面，应当是用于较为重要的场合。衣服上朵朵绽放的团花与满头珠翠相映生辉，自是一派奢华。

盛世春日宴

天朗气清，微风习习，炎暑渐退。

不知谁家少女独自一人，徘徊于池边，时而俯身观鱼。身影娇俏，眼神灵动。

俊朗少年走失于庭院，踟蹰不前，意欲上前问路，却又犹豫不决。

所幸少女堪堪发觉此间少年，偷笑于他，救他于水火。

原是主人家今日摆酒设宴，不时可见双髻少女，匆匆行于庭中。

偶有少女一时贪玩，不觉设宴时间已近，追逐嬉戏于廊下。
你来我往，少年心性，亲近于自然。

（红圆领袍由雁荡楠溪设计制作；红腰带由裳宫语汉服店设计制作）

（圆领袍套装由裳宫语汉服店设计制作）

更有三两少男少女不拘于宴，
只觉席间众人吵闹。

以天为顶，
以地为席，
悠然自得。

（右边圆领大襟衫套装由琅璃设计制作）

（右边齐胸衫裙套装由裳宫语汉服店设计制作）

时而行酒作乐，
时而赏物风雅，
水面波光粼粼如少年人朝气耀眼。

世事瞬息万变，只需尽情尽兴于当下。

第五章

宋制·云中谁寄锦书来

宋制·云中谁寄锦书来

宋朝，常被说是中国文人的“天堂时代”，我们大多数人认识宋朝，大概都是先从文韵风流的宋词开始的吧。“衣带渐宽”“轻解罗裳”“薄薄香罗，峭窄春衫小”，在这些词句中，也让我们初见了那个时代衣冠楚楚的模样。

宋朝的服饰整体继承了晚唐五代的风格。在服饰上，我们日常中喜欢或者说常见的一般是朝服和公服。宋朝的经济是十分发达的，这就让它的纺织业十分繁荣，于是各种绫罗绸缎色彩纷呈，纹样更是花样翻新。除了方格、菱形等常见的花样之外，还有牡丹、芙蓉、梅花、山茶、水仙、兰花、火焰纹、团龙纹，等等。因为使用纹样能凑齐一年四时花卉，更是有“一年景”之称呼。

当时宋与辽金分立，陆上丝绸之路没有那么顺畅，这就让海上丝绸之路变得交往繁忙，于是与阿拉伯、波斯、南洋等地区国家就有了很多的交流。在各种民族文化艺术的影响下，爱好时髦的宋朝人也将各种“胡服”融入了自己的日常装扮里，穿胡服的时尚也风靡一时。宋朝最与众不同的时尚还得是簪花，不论男女甚至不论身份，鬓边一朵小花花，胜却人间无数。假若有机会穿越，看见戴着牡丹的苏轼，别着芙蓉的赵佶，朱熹谈笑风生中鬓边海棠微颤，不必惊讶，那就是那个时代的手机，没戴不好出门的。

宋朝男子常见的首服有幞头、幅巾等。幞头，材质有软硬之分，形状有直脚、交脚、局脚等。幅巾也很流行，样式很多，比如大家耳熟能详的“东坡巾”。

女子带冠在具有浪漫情怀的宋成为一种风气，从皇家的九龙花钗冠、九龙四凤冠，到自宫中而出的白角冠，再到民间的花冠，无一不在头上绽放着光彩。《梦粱录》中记“飞鸾走凤七宝珠翠首饰花朵”一类发饰，皆是宋人喜好之物。

另外，说起宋朝，还要和大家说说“程朱理学”，所谓“存天理灭人欲”。听起来有那么些疯狂，但是这种对于克制、理性的追求，直接影响到宋代美学极简风的形成，变浓艳为简淡，化繁复于一专。钗环璀璨犹在，却独生出一分禁欲气息。

宋朝的褙子也很是不同，北宋时开始流行，男女皆穿，只不过在男装中算是便服而在女装中算是礼服。男装褙子通常很长，可以到脚面，较为宽阔，褙子上有系带，褙子里面可以穿衫。穿着很方便，很受大家欢迎。女装一般穿在抹胸、袄衫的外面，根据场合，外可穿大袖衫。宋代的女装从北宋到南宋，总体上有一个逐渐“收敛”的过程，放量和袖子都呈现逐渐变窄的倾向，给人感觉是越来越窈窕了。

现今我们若想着宋人衣冠，体味一把文人风流，那就需要一起了解一下宋人的日常着装了。北宋、南宋略有差异，男装、女装要有所搭配，下面就一起来了解一下吧。

(一) 宋制礼服

1. 公服

男子公服[1]穿着示意图

① 公服套装由锦瑟衣庄原创设计传统汉服设计制作。

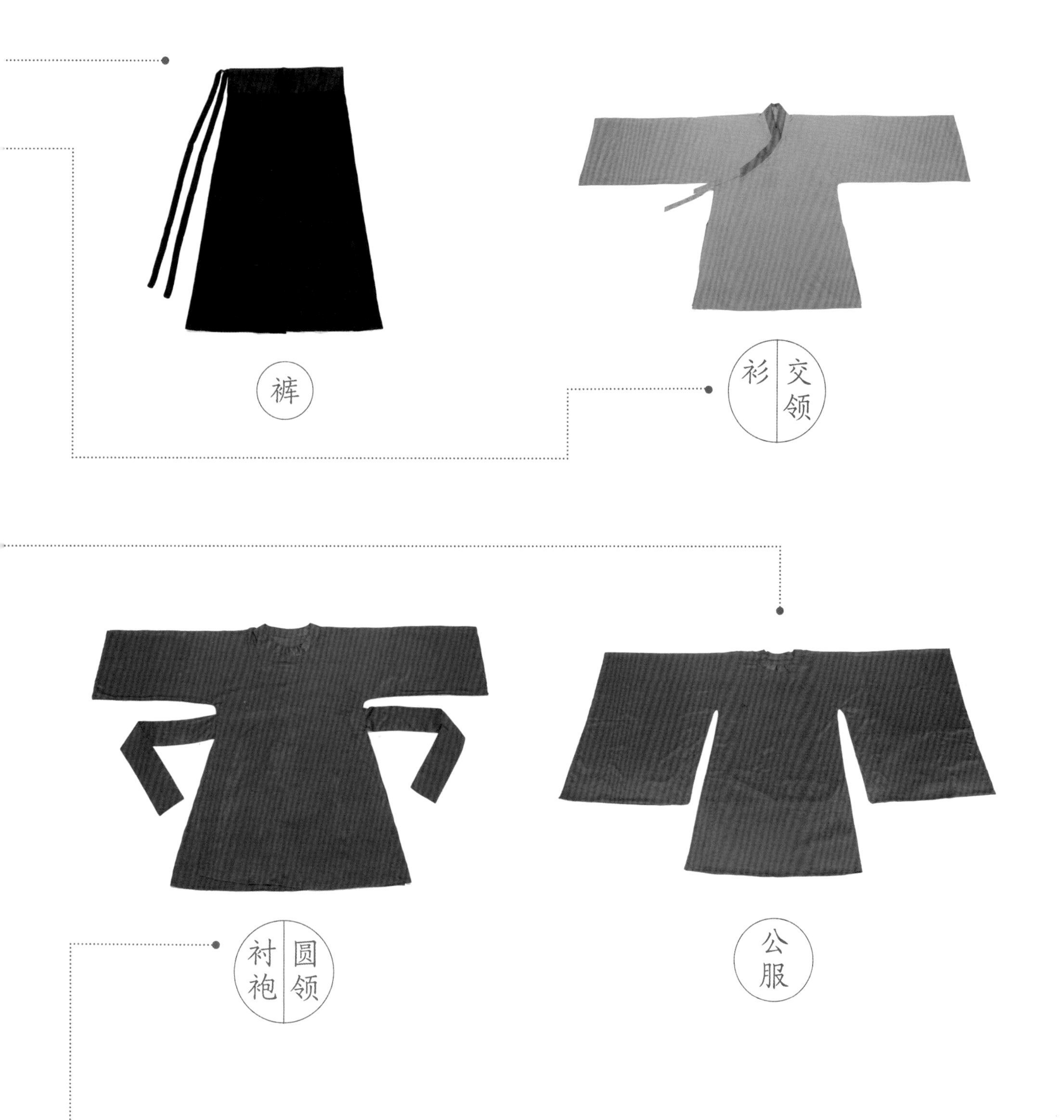

方心曲领是宋代朝服的特征之一，用白罗制成项饰，上圆下方，于颈后系结。官员日常工作中以公服为主。宋的公服继承隋唐传统，主要组成是头戴幞头，身穿圆领袍服，配靴。圆领袍服内着内衣，再着袍衫。袍服宽松，圆领大袖，用紫、朱、绯、绿、青等色区分，各个时代稍有不同，配以金、玉、铁、角等各种材料的带銙。靴虽然一般被认为是游牧民族的产物，但经过多年交流，成为了公服体系的一部分。

2. 大衫+霞帔

女子大衫[①]穿着示意图

① 大衫套装由锦瑟衣庄原创设计传统汉服设计制作；翘头履由步月歌设计制作，由许刚玉私人提供。

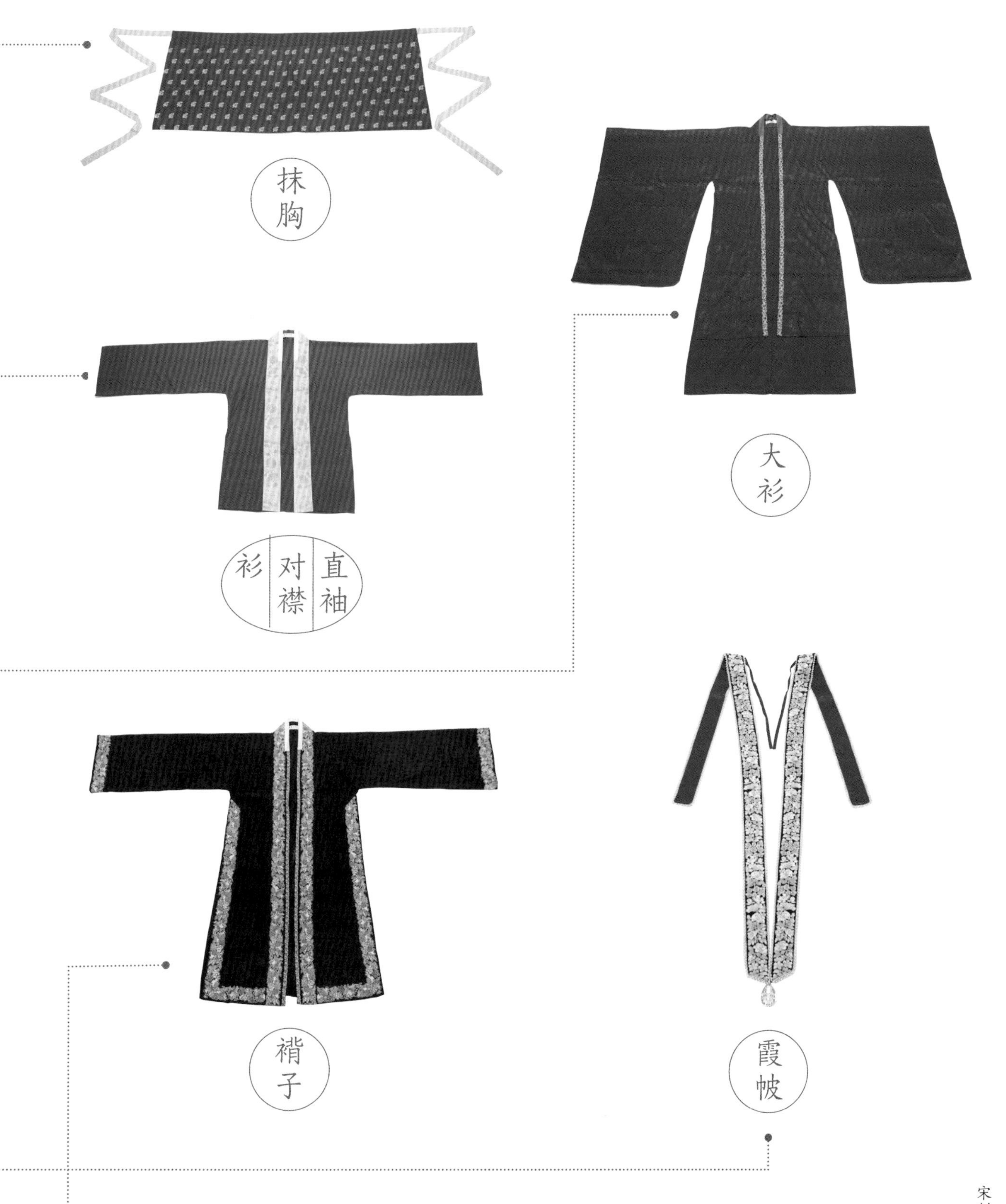

大袖衫是女子出席正式场合所穿的衣服。女子如果出席隆重的宴会等，一般会搭配大袖衫、霞帔，以及相应的首服和足服。宋朝服饰在装饰上也非常讲究，光是制作方式就有“销金、贴金、间金、戭金、圈金、解金、剔金、陷金、明金、泥金、楞金、背影金、盘金、织金、金线捻丝”等描述。

公服作为官员的“公事”之服，亦可以在生活中如婚礼一般的重要场合作为礼服穿着，紫色同样显示出穿着者的品阶之高。而女子的大衫和霞帔则通常出现在宴见宾客等隆重场景，是贵族女性的常见礼服，平民女子则只能在婚礼中穿着。宋朝的女子喜爱戴花，成亲时也不例外。花好月圆、金玉良缘，想必也是这个风雅时代独有的温柔。

(二) 北宋便服

1. 襕衫

男子外着襕衫，下配百迭裙[①]

襕衫：在宋代，襕衫通常是公服的最外层。襕衫在唐朝已经出现，在宋朝被广泛使用。襕衫，“圆领大袖，下施横襕为裳，腰间有辟积”。也就是说，圆领大袖的衣服下摆加上了一道横襕，通常认为横襕取下裳之意。有资料认为，辟积是打裥的意思。由此可以看到襕衫端庄磊落的样子。

① 襕衫由溪春堂传统服饰设计制作；百迭裙由瞳苑汉服工作室设计制作。

2. 对襟长衫

女子外穿对襟长衫，内搭窄袖对襟衫，下着百迭裙 ①

① 对襟长衫套装由琅璃设计制作。

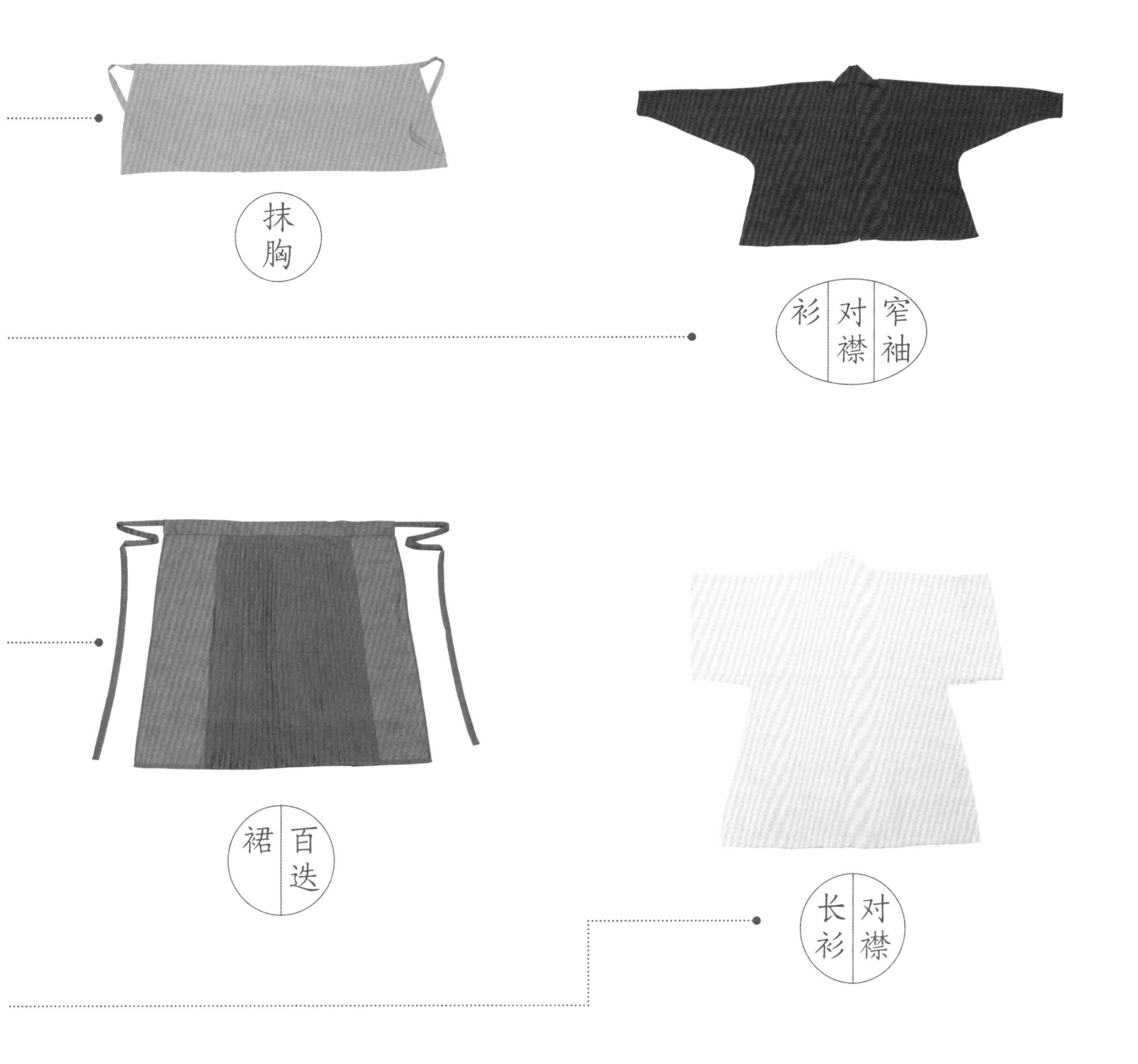

窄袖对襟衫：北宋时一度盛行腋下宽大而袖口较窄的衫，虽然直领，但可交叠穿着，形成浅交领的状态。因为平铺时袖子像是一对张开的机翼，现代也亲切地称这种样式为“飞机袖”。

对襟长衫：图上的对襟长衫因这一款式为长干寺墓出土的缘故，现代多将这一袖口宽大的半袖简称作“长干寺”。用轻软的料子做成时，走起路来既飘逸又贴合身材，实在是别有韵味。

百迭裙：衫可以搭配两片裙、三裥裙、百迭裙等。百迭裙顾名思义，有很多褶子，但通常还是留了裙门无褶。因为裙子打满细褶，上身后袅袅娜娜，风姿绰约。

3. 背心+掩裙

女子内搭背心，下着掩裙[①]

① 背心套装由琅璃设计制作。

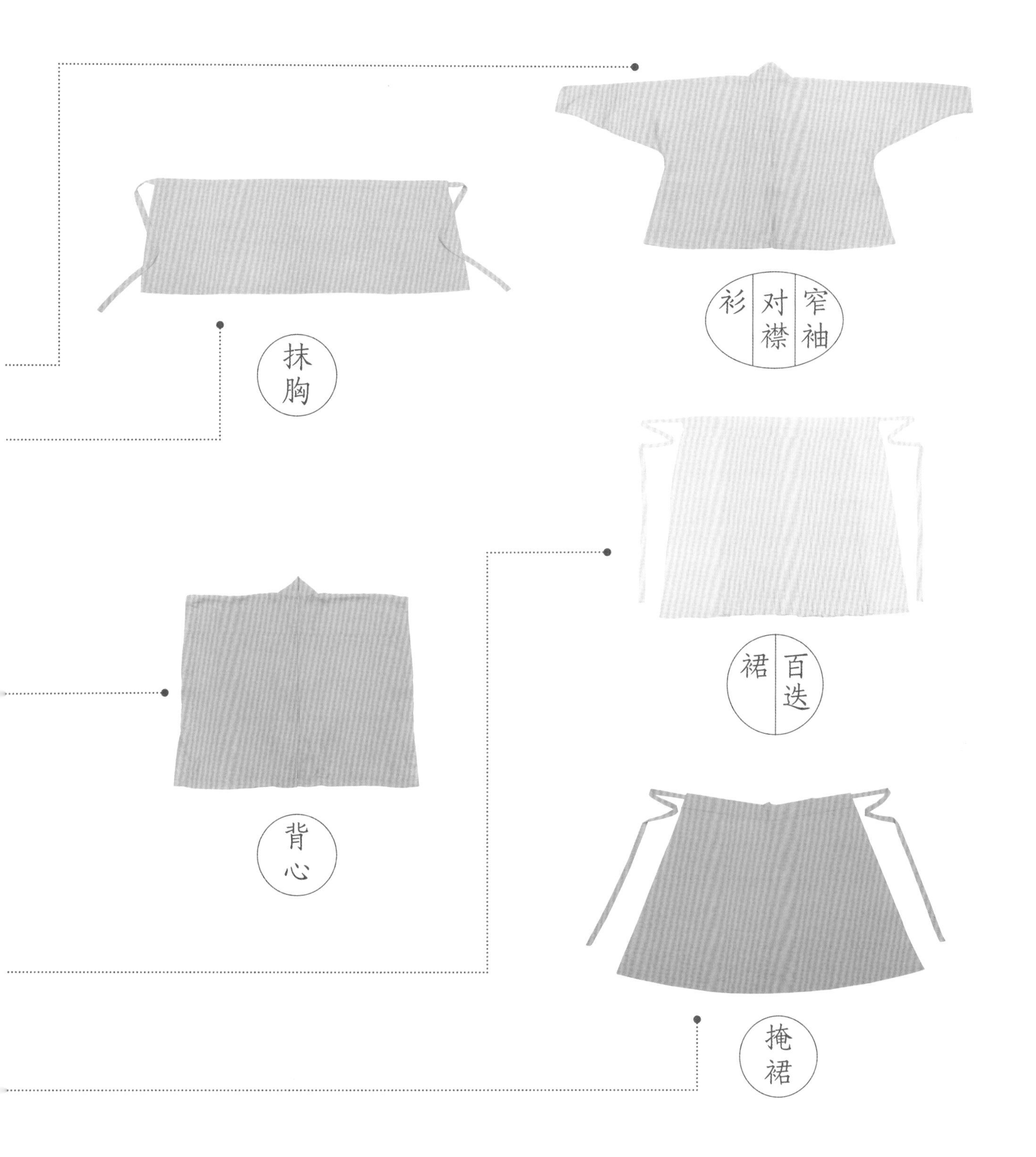

背心：宋朝的背心其实就是无袖的对襟短衣，也可与“长干寺”一样在衫外面穿着。而与抹胸搭配，可为女子抵挡春日残留的一丝寒意。

掩裙：顾名思义，用料较少、掩住里层裙子的外层裙即为掩裙。这样的样式即便以现代人的眼光来看，也是极为时尚的。与百迭裙搭配穿着时不仅勾勒出腰间的曲线，也更显腿部修长。

采桑子

春日渐长，清明渐远，桃红柳绿，郁郁渐浓。林间黄鹂不再躲躲藏藏，整日在枝头婉转，流连于春色。

邻家的小妹听闻新桑日日采桑，心头雀跃。与之结伴，相携而去，林间嬉戏。

见桑叶葱葱，光影摇摇，阡陌之间有公子如玉，茫然寻路无果，求助于新桑。

谦谦君子，窈窕淑女，翩翩而立于野。邻家小妹偷笑于此景，心头悸动似衣角跳跃的斑驳光影。

然人生匆匆，不过惊鸿一瞥，新桑与书生只是萍水相逢的世间百态罢了。

1. 鹤氅

男子身着鹤氅，下配百迭裙[1]

鹤氅：又名氅衣，约从魏晋而起，经过演变后，逐渐形成男子常穿的一种日常服饰。其大体形象为直领缘边，衣身通常不开衩，袖口宽阔，可以披在身上，多作为外套穿着，内可着衫。

交领大袖短衫：交领大袖短衫是汉服的常见样式，即可作为内搭穿着也可在居家等场景下作为外衣穿着。

① 鹤氅套装由瞳莞汉服工作室设计制作。

2. 旋裙

女子内穿抹胸，着衫裙，外配旋裙 ①

① 旋裙套装由琅璃设计制作；女冠由见山观水设计制作。

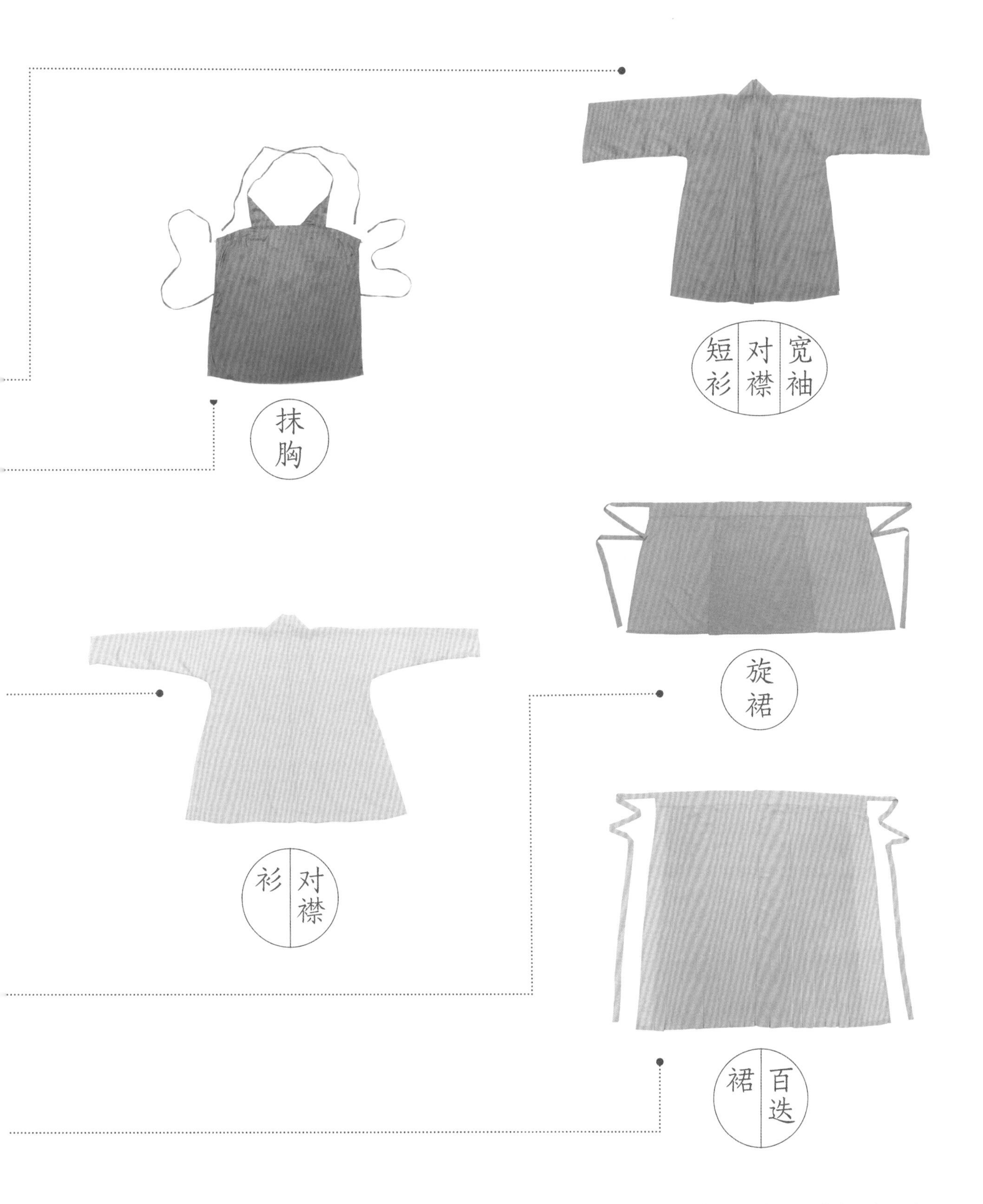

抹胸：抹胸看起来与现代的吊带十分相似，不过它只遮掩住胸前的一片，后背袒露。对于层层叠叠的对襟服装来说，可谓集后背清凉与前胸保暖于一身了。

旋裙：因为有两个裙片共同缝制在一个裙腰上，旋裙也在现代被称为两片裙。它的长度可长至脚踝，也可短至膝间，制作十分灵活。搭配百迭裙穿着，层次感十足。

3. 褙子

女子着褙子，下配三裥裙①

① 褙子套装由琅璃设计制作；女冠由见山观水设计制作。

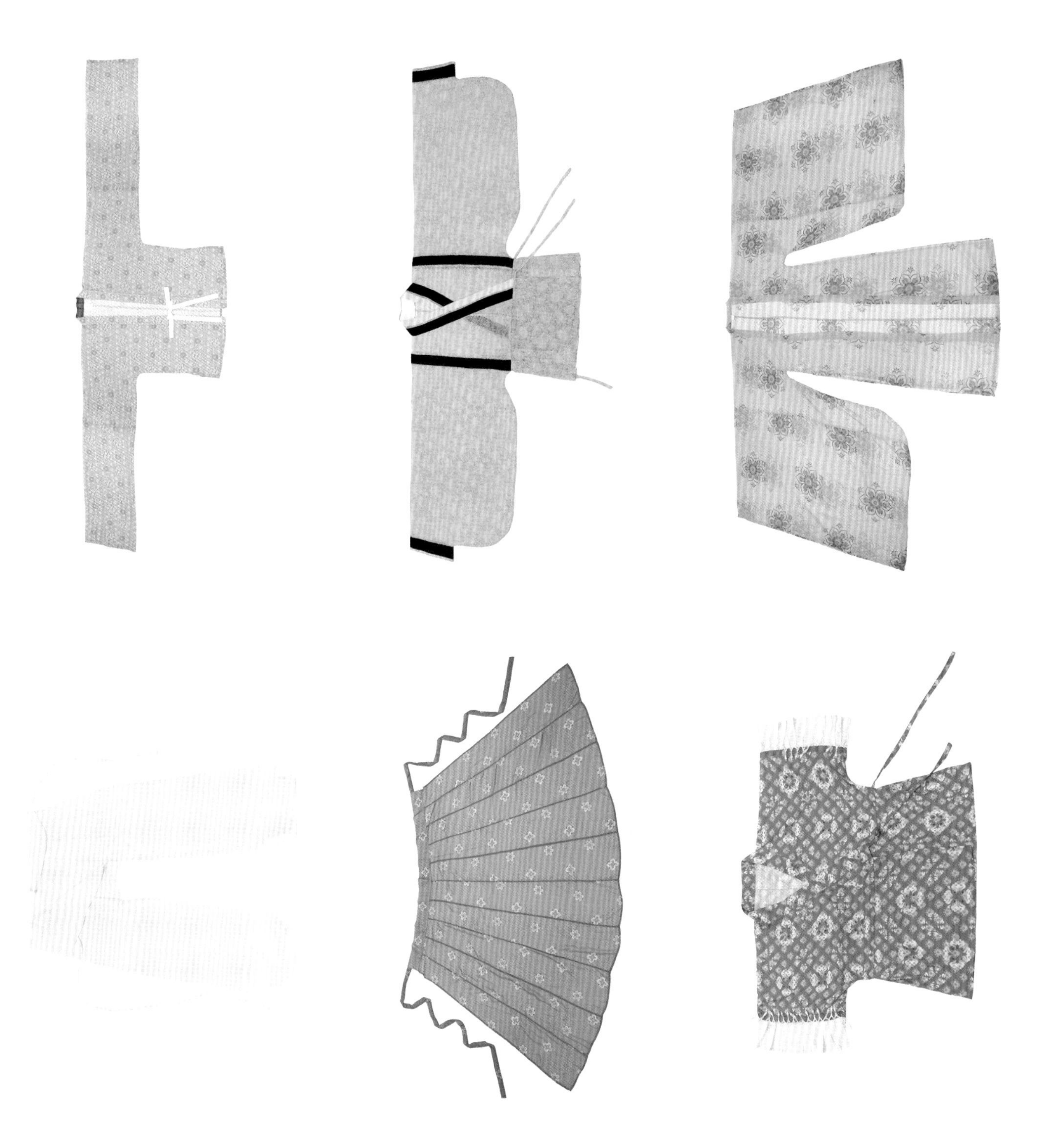

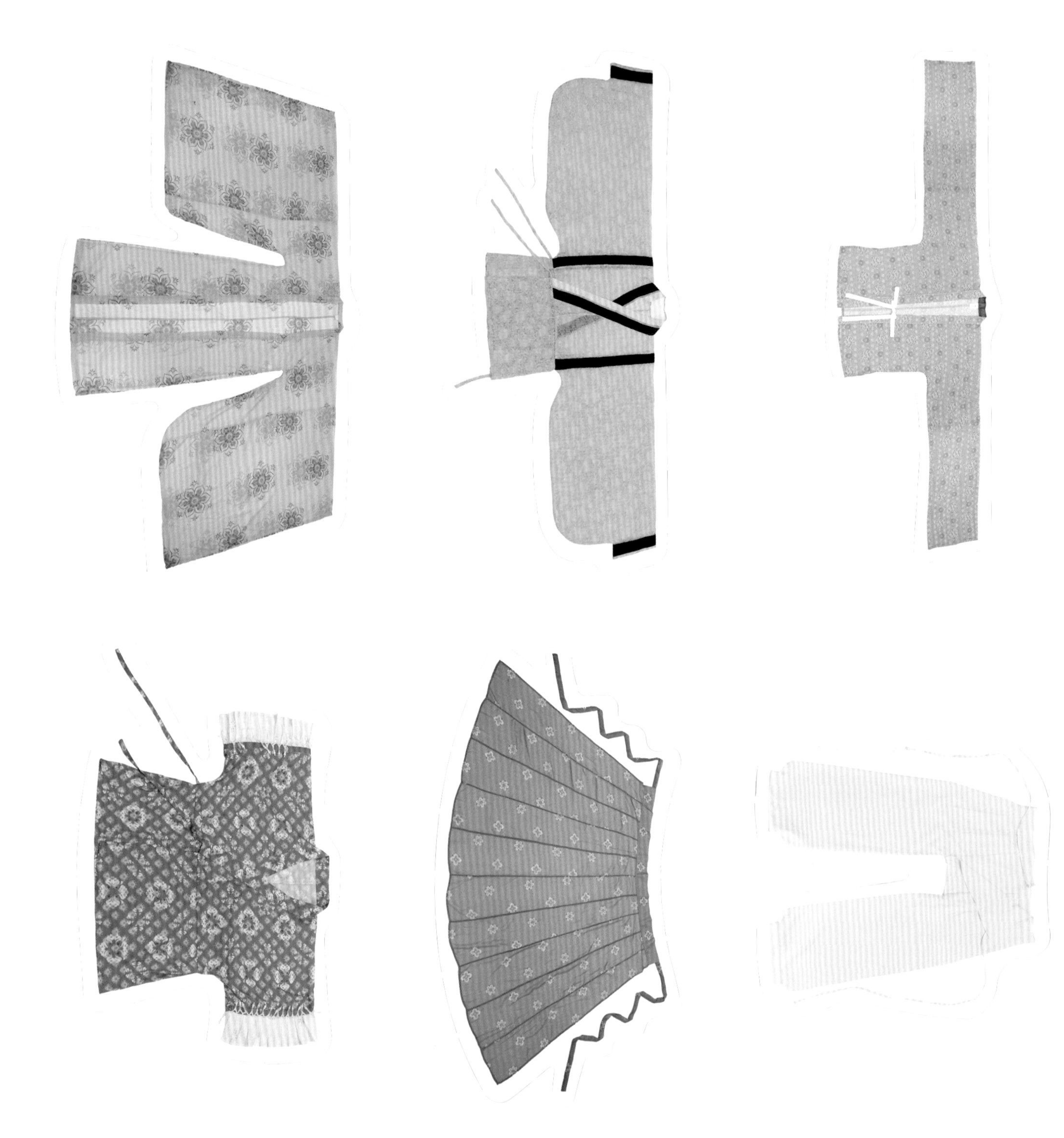

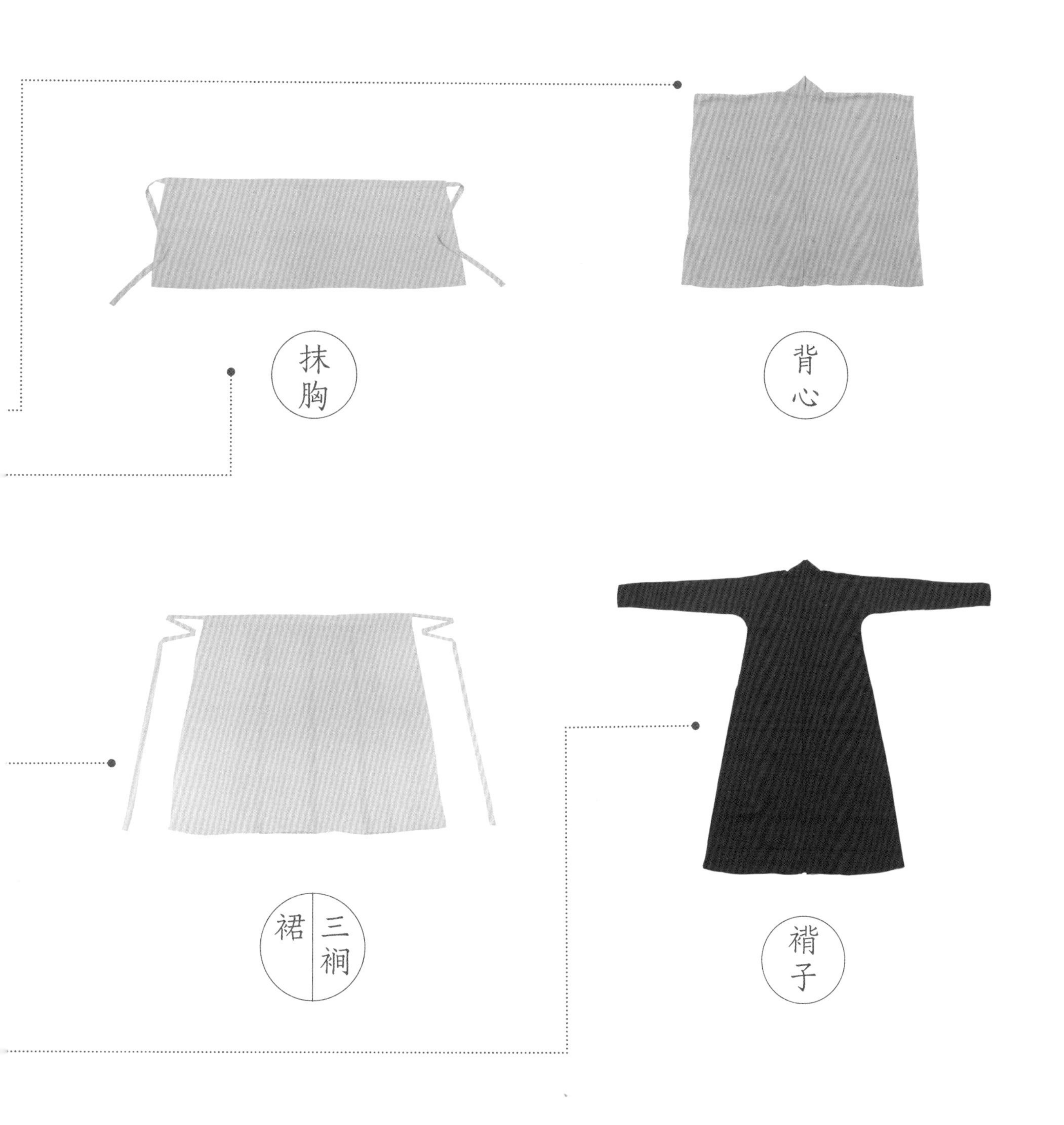

抹胸： 与护住前胸的抹胸不同，宋时还有这样将身体紧紧包裹住的一片式抹胸。它的长度通常是胸围的一点五倍，既不用担心走光，又十分清爽。

三裥裙： 简单地说，就是拥有三个褶子的裙子。从出土文物看，褶子是固定的。当穿着时中间的褶子在身体正中，又会造成穿着裤子的视觉效果。“一衣两穿”，显得十分可爱。

褙子： 由于时代和潮流的变化，褙子袖口渐窄，衣长过膝，两侧开衩，衣缘可有各种纹样。同时得益于《瑶台步月图》的流传，这样的红色长褙子便仿佛成为了清瘦宋朝女子的“标配”。

女子着褙子 ①

① 褙子套装由琅璃设计制作；女冠由见山观水设计制作。

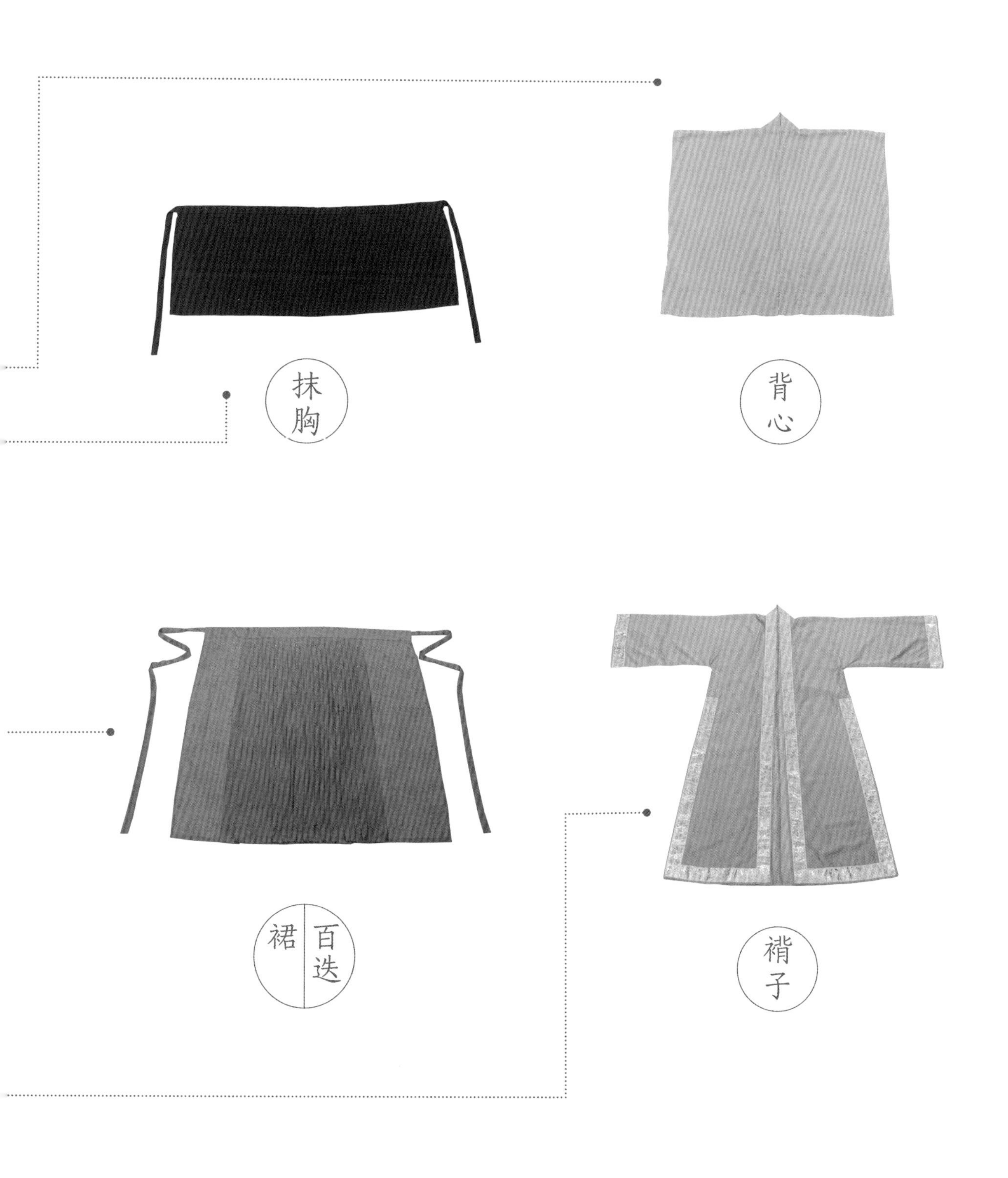

褙子：随着风气日渐变化，此时出现全缘包边的褙子，缘边饰以各种花纹、泥金、销金等等不一而足，甚至于几乎缝合之处，皆有装饰，精美雅致形成一种奇妙的统一。

声声慢

天惹红云，淡看夕阳。山鸟欲鸣，百花待放，心事休说。

心随风动，满腹愁绪无处消减。

犹记当年，误入花丛，豆蔻年少，羞与萧郎一见。

姐妹相携，纵赏风光不经意，恰与萧郎同游。

与姐妹嬉于园中，忽闻客至，慌忙躲避，回首却见萧郎。

然萧郎欲别，忙不择路，无处寻起，终不见丝毫踪迹。

从此一别数年，杳无音信。功成名就，不过他人道听途说。

年年岁岁，
寻常巷陌，
过路人影成双。
鬟钗斜坠，
满头别离，
唯月光照衣裳。

第六章

明制·遮莫今宵风雨话

明制·遮莫今宵风雨话

元朝之后，朱元璋再度统一了神州。面对百废待兴的局面，他需要的是重新建立起一套制度来维持社会的运转和发展，这其中当然包括服饰制度。由于元朝在一定程度上变更了中原习俗，朱元璋试图恢复唐朝旧制——比如官员戴乌纱帽，穿圆领袍——来规范人们的行为，并细致地规定了服饰的等级、颜色、面料等，形成了明初相对简朴统一的风格。

明制服装款式特点是集古今大成，男装有道服、道袍、圆领袍、直身袍、氅衣、披风、曳撒、贴里、罩甲、搭护。女装虽款式单一，但为了满足对美的需求，从明初到明末，女装衫、袄的领型变化多样，经历了交领、圆领到方领、立领的发展过程。明代女性的马面裙也是明朝的典型服饰之一，此裙由两片布打褶缝合共用一个裙头，前后各留一个裙门，裙子底部和膝盖处常有横贯的纹样，称为底襕和膝襕，合称裙襕，裙襕通常为绣花或者织金。

在首服上明代男子常常头戴网巾，方巾，小帽等，这几件首服也有别称为四方平定巾、一统山河巾和六合统一帽，都取其吉祥之意。女子则头戴狄髻头面、绢花，梳燕尾、牡丹头。

一个时代的服装风貌从皇家贵胄穿着上最能有所体现。明皇帝平日穿窄袖圆领常服，配乌纱折角向上巾，也称翼善冠。当然，皇帝在不同场合穿着也不拘泥于一种样式，而是纹样、款式、色彩风格多样，分为冕服、衮服、云肩通袖袍服等。官员因为不同的场合也有朝服、祭服、公服等。常服通常为圆领袍配乌纱帽，公服则为幞头配圆领袍。官员品级对应不同的补子，用以进行区分。内臣初着窄袖圆领衫，后常着曳撒、贴里，更有居高位者，着御赐织造有斗牛、飞鱼、蟒等图案的袍服以彰显尊荣。

皇后礼服也根据穿着场合分为翟衣、燕居大衫、袄衫等，纹饰配以翟鸟、鸾凤等，华贵非常。明代命妇的礼服也根据品阶着不同纹样的大衫霞帔。值得一提的是，明代女性礼服搭配冠饰，后妃戴龙凤冠，命妇戴翟冠。普通女子在结婚时，也会选择头戴金冠、身披霞帔着大红通袖圆领袍。

由于生产力的发展，明代不仅布料种类繁多，纹样也层出不穷，花卉、云纹、波浪、动物、杂宝、几何、文字，都是常见的样子。并且人们会根据时令变化，选择应景的纹样通过织金、妆花、织锦、绣花等先进织造工艺将端午的五毒、中秋的玉兔、重阳的菊花、元宵的灯景等表现出来。

随着经济的发展以及制造技术的成熟，人们穿着更加多彩，更加个性。明代中期以后，服饰僭越已经成为了一件习以为常的事情，人们的服饰更加华美，金银用品愈发精致。待到晚明时期，服饰愈加宽大夸张，色彩争奇斗艳，花样奇巧翻新，引领一时风潮。

（一）明制礼服

1. 补服

男子圆领袍[①]穿着示意图

① 圆领袍由于珣私人提供。

圆领袍

明朝时期，公服采用的是圆领大襟袍服，用颜色及补子进行区分等级。具体为，文官绣禽：一品仙鹤，二品锦鸡，三品孔雀，四品云雁，五品白鹇，六品鹭鸶，七品鸂鶒，八品黄鹂，九品鹌鹑。武官绣兽：一品、二品狮子，三品、四品虎豹，五品熊罴，六品、七品彪，八品犀牛，九品海马。

2. 大衫+霞帔

女子大衫[1]穿着示意图

① 中裙套装由月阑珊汉服设计制作；圆领袍由子明衣堂设计制作，由王炳垚私人提供；马面裙由踏云馆汉服设计制作，由关珺丹私人提供；大衫、霞帔由于珣私人提供。

命妇礼服几经修改，大致样子为大衫霞帔，佩戴头冠。衣服为真红大袖衫，深青色霞帔，质料用纻丝、绫、罗、纱。霞帔上施蹙金绣云霞翟纹，钑花金坠子。

本套服装虽然一般不用于国家公祭、朝见等大型礼仪场合，但是可以相对广泛地用于生活中的各种正式场景。与宋时相同，庶民不论男女，成婚的时候都可以穿着贵族的礼服。为我们现代所熟知的“新郎官”一词，也是由婚礼上平民男子可着官服的社会现象而来的。凤冠霞帔，可以说是人们一提到传统婚服的第一印象。新娘娇羞的脸蛋在珠串的摇曳中更添了几分娇媚。结发为夫妻，恩爱两不疑，是当时的美好承诺。

（二）明初便服

1. 贴里 + 搭护

男子穿着贴里，外配搭护[①]

贴里：贴里是上下分裁的袍子，下片做褶状，衣身左右两侧无摆，是一种广泛使用的便服。贴里上也缀补子或饰云肩、通袖襕、膝襕纹样，通常下配靴子，舒适方便。另有一种男装与贴里十分相似，称之为曳撒，也为上下分裁，但下片打马面褶，两侧接摆。

搭护：搭护为半袖有摆，常为交领，穿在贴里的外层，其外层还可以穿着圆领袍，也可以穿在道袍的外层。

① 贴里套装由子衣明堂汉服设计制作，由杨嘉铭私人提供；大帽由微风阁设计制作，由魁兕私人提供。

2. 半臂 + 对交穿 + 马面

女子身着直领短衫、半臂，下配马面裙 ①

① 直领短衫套装由踏云馆汉服设计制作，由闻汐私人提供；马面裙由瞳菀汉服工作室设计制作，由于珣私人提供。

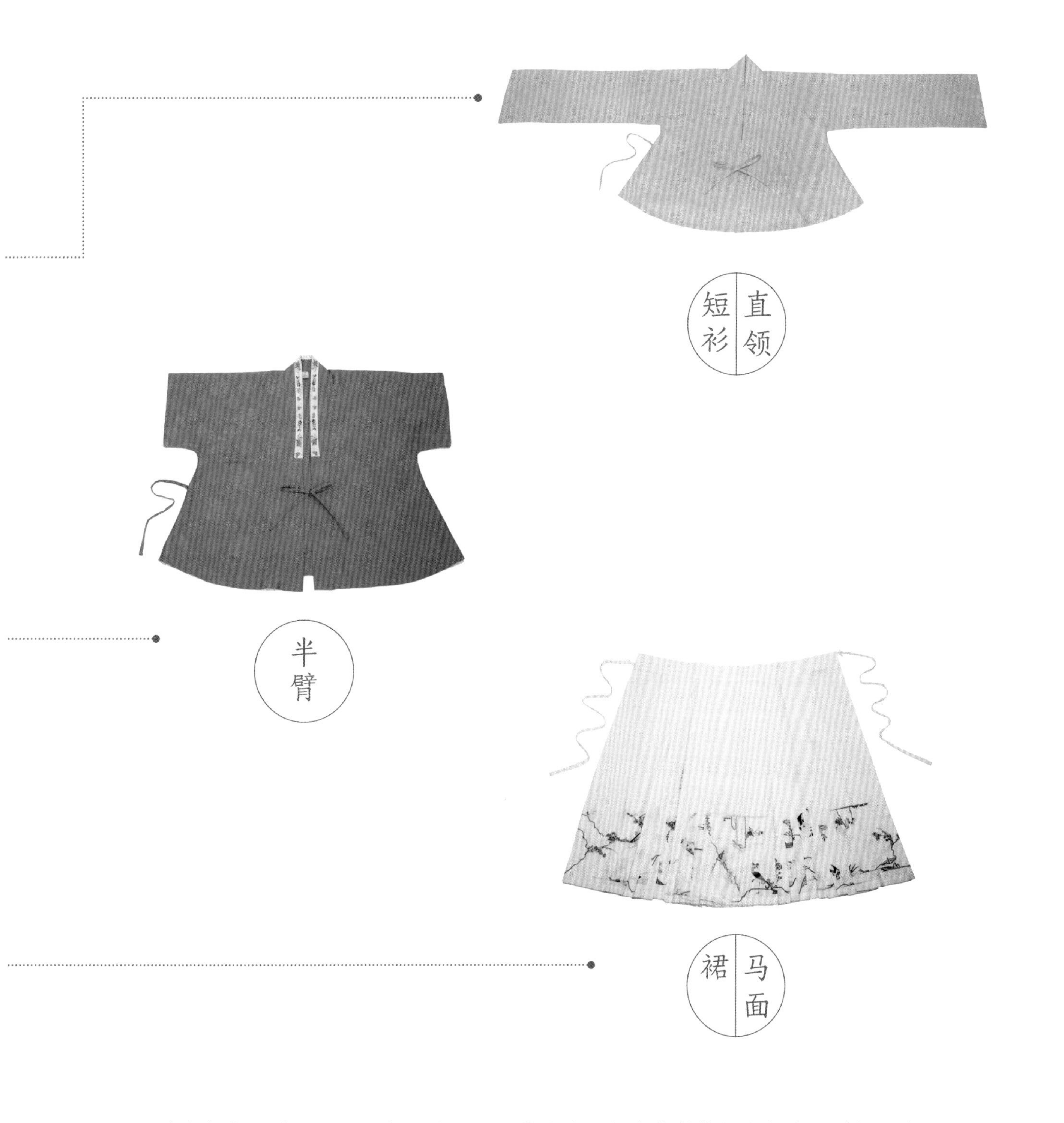

直领短衫：单层为衫，复层为袄，明代女式袄衫变化趋势是衣长从短到长，袖子从窄到宽，领子逐渐直立。明初时多穿放量宽大的直领短衫，上身之后可以当作交领穿着，现在俗称“对交穿”。

马面裙：马面是一种建筑的名称，指城墙边突起的防御塔楼式建筑。而因为马面裙的光面与这城楼相似，所以叫马面裙。此时的马面裙比起后世，还是比较朴素的。

3. 短袄+半臂+马面

女子穿着交领短袄，外搭方领半臂，下配马面裙 ①

① 交领短袄由时样厅设计制作，由于珣私人提供；半臂由于珣私人提供；马面裙由霁月斋设计制作，由北客私人提供。

交领短袄

方领半臂

马面裙

交领短袄：明初时，女性也多穿着直领大襟短袄，外面搭配半臂，下面搭配马面裙。半臂沿袭前朝而来，袖长到肘。明初的短袄，长度及腰部以下。妙龄少女穿着时，俏皮可爱之感跃然于面前。本套服装搭配非常符合明初的质朴风格，而半臂上的子母扣则要到明中后期才会出现。

（三）明中便服

1. 直身

男子穿直身 ①

直身：直身是通裁的长衣，开衩无摆。直身之外也可以穿着褡护，是当时常见的搭配。用略显挺阔的布料制作，则显身形威武端庄。

① 直身由杨嘉铭私人提供。

2. 道袍

男子身着道袍①

道袍: 道袍是交领长衣，领部加白色衬领，衣身左右开衩有内摆，如果有缘边，通常称为道服。它几乎成为了明朝文人的标配，也正因为如此才冠上了“道”的名字，想必穿上它便能够离圣贤再近一些吧。

① 道袍由杨嘉铭私人提供。

3. 交领长袄+马面

女子穿着交领长袄，下配马面裙①

交领长袄：明中期时，女式衣衫更加宽大，袄衫长度可过膝。从面貌上就能够使人感受到那个时代的繁华。女子穿着显得无比端庄。此时，马面裙裥也随着织造工艺的提高发生变化，出现更为繁复精美的图样。

①交领长袄和马面裙由明华堂设计制作，由于珣私人提供。

4. 圆领对襟长袄+马面

女子身着圆领对襟长袄，下配马面裙 ①

圆领对襟长袄：此时女装圆领开始流行，配子母扣或系带，对襟袄大行其道，衣襟常常有装饰，称为“眉子”，搭配也以马面裙为主。

① 对襟长袄和马面裙由明华堂设计制作，由于珣私人提供。

(四) 晚明便服

1. 宽袖道袍＋披风

道袍

披风

男子身着道袍，外配披风[①]

披风： 披风通常穿在最外面，衣服宽大，腋下开叉。披风常为直领大袖，男女皆可穿着。

① 披风套装由丝绦麻履设计制作。

2. 竖领大袖长衫+比甲+披风+马面

女子身着竖领斜襟长衫，外穿比甲，配披风①

竖领斜襟长衫：明末时期，江南地区流行更迭十分迅速。竖领长衫风靡一时，搭配外面的比甲，配上时兴的颜色，想必很引人注目。夏天时在家中乘凉穿着纱衫，里面的腰身若隐若现，别有一番韵味。

比甲：比甲可以看作是背心的另一种变形，可长可短。在衣服外面搭配穿着时，显得十分端庄。

① 竖领大襟长衫、比甲由北客私人提供；马面裙由霁月斋设计制作，由北客私人提供；披风由美色集设计制作，由北客私人提供。

又是一年秋叶黄

万里晴空，
满院秋意融融。

（左边马面裙由琅璃设计制作）

院中四时如白驹过隙，如今又是金黄铺地。有徐氏女儿缓缓而行，穿一身斜阳，立于景中却又无心赏景，道是天下太平，将军可解甲而还。

然秋思难言，欲待何人。一时间愁绪难解，蓦然回首，英雄归矣。

于是兄妹二人常寻缘由，偷学武艺。

一家兄弟各有所长，其兄以身作则，为保家国弃笔从戎。其弟自幼向往，却无奈于武学造诣毫无天赋。便以笔代剑，少年人将满腔抱负融于墨间，将太平盛世绘于纸上。

有同窗好友来访，以温功课，
一家姐弟如何不知其心中所想？
可少年血气方刚，踌躇满志，
若逆流而行，又岂知不为识时务者？
既已明志，便不惧前路风雪加身。

世事无常，不过弹指。天下兴亡，匹夫有责。

长兄如父，其志在四方，虽投身狼烟烽火，但求国泰民安，只为家中兄弟姐妹无后顾之忧，为天下百姓能得安身之所。

秋叶瑟瑟落空庭，
不知又一年风起，
归时匆匆，
去时亦匆匆。

第七章

现代·九州罗梦赴今昔

现代·九州罗梦赴今昔

21世纪初，随着经济的发展和精神生活日渐丰富，人们对文化有了更多的需求，开始更多地思考传承和发展，独立与自强。在这种背景下，人民对一个完整的中华文化体系的需求，愈加迫切。作为文化体系的一环，服饰作为一种外在的，一眼看到的文化符号，无疑吸引了诸多眼球。

无论网络上的讨论如何甚嚣尘上，实践者都在默默无闻地推进着。2003年，王乐天穿着自己制作的汉服走上街头，这或许是现代汉服第一次出现在华夏大地的阳光下。王乐天同袍的这一步，开启了汉服同袍线下活动的先河。从此以后，同袍的活动从无到有，从少到多，纷至沓来，形成了一道风景，一种潮流。经过同袍们的实践、尝试与摸索，探索出了一套相对成型的体系，在不同的情景、不同的时间，穿着不同的衣服，应用于不同的场合。

一般来说，在当代社会，同袍们在穿着汉服的时候，虽然多姿多彩，花样繁多，但是总结起来，大概有这么几种情况。

演艺·女子身着竖领大襟袄（朱朱供图）

成人礼·女子身着圆领袄（汉服北京供图）

祭祀·男子穿着深衣（汉服北京供图）

穿着者的冠服、体服、足服和配饰等，从内到外，从颜色到纹样，从等级到适用场合，各个细节完全，或者几乎完全复原服饰在千百年前的使用状况。由于要求比较高，适用场合比较少，大多用于展演成人礼、婚礼等场合。

骑射·男子穿着飞鱼服（汉服北京供图）

摄影·女子身着交领襦裙（凌妖供图）

（二）汉服内部混搭

明制主腰与宋制对襟衫混搭（汉服北京供图）

穿着者穿的虽然都是汉服，但是可能如“关公战秦琼”，在历史上并不会出现在同一个时间段。不过在现代汉服场合里，由于单品们的适配度比较高，可能会被同袍搭配到一起，比如宋制的衫子搭配唐制的间色裙，明初的袄子搭配晚明的裙子等。

㊂ 汉服与其他体系服装的搭配

潮服半袖搭配交裻裙（Qi 柒璐供图）

这可能是当下体系里比较常见的搭配方式，由于可选单品多种多样，应用场合极为广泛，也更便于人们理解传统服饰的美感和生命力。

这包括以汉服为主体，搭配其他体系的服装，比如衫子搭配牛仔裤，开衫搭配百迭裙等等。或者汉服搭配其他非汉式单品，比如明制汉服体系搭配波奈特或者是遮阳帽，佩戴蕾丝手套等，不同文化之间的融合与碰撞，别有一番风味。当然，还有汉服与现代服饰习惯的混搭，也是一种自然而然的融合。

长干寺、褙子和百迭裙搭配草帽（牧羊供图）

窄袖衫搭配贝雷帽（汉服北京供图）

活动现场（汉服北京供图）

竖领对襟袄搭配马丁靴、小挎包

（梨花 ccc 供图）

竖领对襟袄搭配半身裙、贝雷帽

（梨花 ccc 供图）

圆领袍搭配运动鞋（念卿供图）

竖领大襟衫搭配珍珠腰带（小猪的梨涡供图）

马面裙搭配衬衫（qiqi 爱霍霍供图）

对襟衫和旋裙搭配高跟鞋（乔织原创汉服设计供图）

半臂对襟衫和三裥裙搭配贝雷帽（乔织原创汉服设计供图）

鸣谢

服装提供：
琅璃传统服饰
怀谷居汉服
如是观原创汉服
上遥居汉服
衔泥小筑汉服
锦瑟衣庄原创设计传统汉服
月阑珊汉服
尘余馆汉服工作室
裳宫语汉服店
瞳莞汉服工作室
花下有期汉服工作室
上云乐原创汉服
丝绦麻履
谜阿凰

首服提供：
见山观水
萧萧国甲礼仪工作室
晴文殿

鞋履提供：
山河秀汉风足衣
徐行记

配饰提供：
闲来吾室古琴馆
花锦城手工设计制作
玉山禾
风雪初晴原创设计首饰

装造提供：
凌波
月夜
江南

模特：（出场顺序）
谢晓曼
严炼镝
彭兰乔
康境文
月夜
孟博闻
章紫薇
雪曦
张菁
雷朔
苏芳
林子鸢
刘琛璞
万俟俊
江南
冰箱
冯仙仙儿
若阳
魁旯
张宇
苏美瑄
蔡蔡
初一
小颖
北客
姜泊舟
十六
琦琦
翻车鱼豆腐
采娈